essentials

essentials liefern aktuelles Wissen in konzentrierter Form. Die Essenz dessen, worauf es als „State-of-the-Art" in der gegenwärtigen Fachdiskussion oder in der Praxis ankommt. *essentials* informieren schnell, unkompliziert und verständlich

- als Einführung in ein aktuelles Thema aus Ihrem Fachgebiet
- als Einstieg in ein für Sie noch unbekanntes Themenfeld
- als Einblick, um zum Thema mitreden zu können

Die Bücher in elektronischer und gedruckter Form bringen das Expertenwissen von Springer-Fachautoren kompakt zur Darstellung. Sie sind besonders für die Nutzung als eBook auf Tablet-PCs, eBook-Readern und Smartphones geeignet. *essentials:* Wissensbausteine aus den Wirtschafts, Sozial- und Geisteswissenschaften, aus Technik und Naturwissenschaften sowie aus Medizin, Psychologie und Gesundheitsberufen. Von renommierten Autoren aller Springer-Verlagsmarken.

Weitere Bände in der Reihe http://www.springer.com/series/13088

Andreas Baumert

Mit einfacher Sprache Wissenschaft kommunizieren

Andreas Baumert
Hannover, Deutschland

ISSN 2197-6708 ISSN 2197-6716 (electronic)
essentials
ISBN 978-3-658-25008-9 ISBN 978-3-658-25009-6 (eBook)
https://doi.org/10.1007/978-3-658-25009-6

Die Deutsche Nationalbibliothek verzeichnet diese Publikation in der Deutschen Nationalbibliografie; detaillierte bibliografische Daten sind im Internet über http://dnb.d-nb.de abrufbar.

Springer Spektrum

Springer Spektrum ist ein Imprint der eingetragenen Gesellschaft Springer Fachmedien Wiesbaden GmbH und ist ein Teil von Springer Nature
Die Anschrift der Gesellschaft ist: Abraham-Lincoln-Str. 46, 65189 Wiesbaden, Germany

Was Sie in diesem *essential* finden

- Wissen, um einen Text für angesprochene, fachfremde Leser zu schreiben
- Grundlagen des Textverstehens
- Informationen über schwer verständliche Wörter
- Angemessenheit von Satz- und Textstrukturen
- ein Konzept für einfache Sprache in Wissenschaft und Technik

Inhaltsverzeichnis

Über den Autor

Dr. Andreas Baumert ist Sprachwissenschaftler und Professor für Text und Recherche in Hannover. Verständliches Schreiben ist der Schwerpunkt seiner Arbeit. Zu diesem Thema hat er mehrere Bücher verfasst.

Über Kompliziertes einfach schreiben 1

Sprache in Wissenschaft und Technik folgt eigenen Regeln, sie ist **fachintern.** Schon in Nachweisen der Qualifikation zeigen Anfänger und Fortgeschrittene, auch durch den Sprachgebrauch, ihre Zugehörigkeit zu einer Disziplin. Anschließend erleichtert die fachinterne Kommunikation den Diskurs der Experten. Leser der Fachzeitschriften, Tagungsbände und Bücher kennen Theorien und vorangegangene Beiträge. Alles muss kurz und regelgerecht formuliert sein, damit man es zur Kenntnis nimmt und aufgrund eigener Positionen bewerten kann. Fachinterne Kommunikation und einfache Sprache im Verständnis dieses *essentials* sind einander wesensfremd.

Wir werden uns dagegen mit einem Ausschnitt der schriftlichen **fachexternen** Kommunikation (Schubert 2007: 151, 205, 215–216, 317) befassen. Sie reicht von Schreiben der Behörden, Krankenkassen und anderer Einrichtungen bis zu Bedienungsanleitungen, populärwissenschaftlichen Artikeln, Büchern, Blogs und anderen elektronischen Texten: Ihnen ist gemein, dass Fachliches an ein Publikum kommuniziert wird, zu dem auch **wenig geübte** oder **fachfremde** Leser gehören.

Von diesem reich gedeckten Tisch wählen wir die fachexterne wissenschaftliche Veröffentlichung zu unserem Thema, manchmal auch den technischen Text. Die Frage wird nicht sein, **ob** man Kompliziertes in einfacher Sprache ausdrücken kann, sondern **wie** man diese Aufgabe angeht.

Warum sich Experten auch einfach ausdrücken müssen, ist für den keine Frage, der in gemischten Projektteams arbeitet. Ohne grenzüberschreitende Kommunikation dauert alles länger oder scheitert. Verständlichkeit gewinnt sogar an Popularität. Webseiten wie www.wissenschaft-im-dialog.de oder der Science-Slam als Wettbewerb belegen hoffentlich einen Trend: Wissenschaft und Technik müssen oft ihr gewohntes Terrain verlassen und **nach außen** kommunizieren.

Abschließend bleibt zu klären, was der Gegenstand unserer Überlegungen ist: eine einfache Sprache. Bewusst nutze ich den unbestimmten Artikel, mich interessiert nicht **die** einfache Sprache, sondern **eine.**

A. Baumert, *Mit einfacher Sprache Wissenschaft kommunizieren,* essentials,
https://doi.org/10.1007/978-3-658-25009-6_1

Aus gutem Grund scheuen Wissenschaftler Wörter wie *einfach, leicht, klar, deutlich:* Sie sind vage; einem erscheint einfach, was andere als schwer und kompliziert empfinden. Solchen Wörtern stellt man besser eine Erklärung an die Seite, wie sie in einem Zusammenhang zu verstehen sind.

Dieser Band stellt meine Sicht vor. Sie wird hoffentlich von anderen kritisiert und ergänzt werden. Ohne Widerspruch und alternative Sichtweisen ist Wissenschaft nicht denkbar.

Ein Sprachgebrauch kann nur dann als *einfach zu verstehen* bezeichnet werden, wenn der **angesprochene Leser** ihn so empfindet. Nichts anderes ist gemeint. Das Schreiben einer Behörde für jeden deutschsprachigen Leser erreicht auch Menschen mit sehr geringer Lesekompetenz. Also ist das Niveau der zu wählenden einfachen Sprache anders als dasjenige eines Textes für fachfremde Kollegen in einem wissenschaftlichen Projektteam. Zweimal *einfache Sprache,* dennoch unterschiedlich. Die folgenden Kapitel klären weitere Details:

2 Einfache Sprache ist abhängig vom **Leser,** seinen Interessen und Möglichkeiten, einen Text zu verarbeiten. Er ist immer entscheidend, ohne ihn verhallt jeder Ruf ungehört. Wir schreiben für ihn und nicht für uns.
3 Wie versteht der Leser, was bedeutet **verstehen?** Eine uralte Frage der Philosophen, dann auch der Sprachwissenschaftler. Ich werde eine – wieder nicht: die – kognitionswissenschaftliche Erklärung dieses Prozesses bemühen. Sie erleichtert unsere Arbeit beträchtlich.
4 Darauf folgen die **Wörter.** Ein Wort kann alles ruinieren, wenn es mehrdeutig oder schwer verständlich ist. Der Autor muss die Wörter im Griff haben, damit der Leser den Text richtig versteht.
5 Der **Satz** ist mehr als eine grammatische Einheit. Er berichtet, fordert, erklärt und erfüllt viele Aufgaben. Über einen Ausschnitt der Funktionen und grammatische Stolpersteine berichte ich.
6 Notwendige **Ergänzungen** zum hier vorgestellten Konzept und die Kritik gängiger Fehleinschätzungen schließen dieses *essential* ab.

Wie Fachsprache die interne Kommunikation der Experten erleichtert, schafft eine einfache Sprache den **Übergang** zu denen, die nicht dazugehören. Sie mag

- mit einem **Informationsverlust** einhergehen oder
- **längere Texte** zur Folge haben, weil dem Fachfremden mehr zu erklären ist.

Doch sie muss auf jeden Fall korrektes und stilistisch angemessenes Deutsch sein. Angenehm zu lesen, verständlich und einwandfrei – damit kann man überzeugen.

2 Autoren verstehen Leser

Fachexterne Kommunikation fordert von vielen Ungewöhnliches. Einigen Wissenschaftlern bereitete es schon vor hundert Jahren Vergnügen, dem Nichtexperten die Ergebnisse der Forschung vorzustellen. Andere blieben in ihren Laboren, den Hörsälen und Seminarräumen. Ihre Publikationen sind fachintern. Diese Haltung unterstützen heute mächtige Forschungsverbände, die gelegentlich Publikationsmaschinen gleichen.

Zwar expandiert die **Zahl** der wissenschaftlichen Veröffentlichungen gewaltig; gleich bleibt aber die **Zeit** der Forscher, die das alles lesen müssten, um auf dem Laufenden zu bleiben, wie Groebner in einem Essay süffisant anmerkt (Groebner 2012: 30). Das Publizieren in der Wissenschaft wird in diesem Verständnis zu einem Hamsterrad, dem schwer zu entrinnen ist.

Die Gebrauchsregeln dieses Rades wenden sich überdies gegen die sprachliche Kompetenz vieler Autoren, nicht nur in den Naturwissenschaften: Sie müssen ihr muttersprachliches Können über Bord werfen (Ehlich 2012: 95) und in einem kümmerlichen Englisch schreiben, einer reduzierten Sprache, die *oft nur als Karikatur des Englischen* (Mittelstraß u. a. 2016: 32) auftritt. Englischen Muttersprachlern sind diese Wissenschaftler im Wettbewerb der Veröffentlichungen und Kongressbeiträge häufig unterlegen.

Diesem Trend kann man etwas entgegensetzen, wenigstens teilweise. Wissenschaftler, auch Techniker, können umdenken, fachfremde Leser mit verständlichen Texten und Dokumenten in deutscher Sprache informieren und manchmal ihnen auch Lesevergnügen bereiten. Einige praktizieren das seit Langem, verfassen Arbeitspapiere und Bücher für Laien, Fachanfänger und Studenten; andere zögern noch, manche wissen nicht, wie sie sich die Zeit abringen können.

Das Instrument, mit dem man dieses Ziel erreichen kann, ist eine **einfache Sprache.** Weg von den üblichen Regeln wissenschaftlicher Publikation, hin zu einem Sprachgebrauch, der sich **am Leser** orientiert. Korrektes Deutsch

A. Baumert, *Mit einfacher Sprache Wissenschaft kommunizieren,* essentials,
https://doi.org/10.1007/978-3-658-25009-6_2

ohne sprachliche Irrwege und Lametta, immer orientiert an den Lesern, für die geschrieben wird: So entsteht diese Sprache. Die erste Frage ist deswegen immer die nach dem Leser, den der Autor erreichen will. Man kann vom legitimen Leser sprechen, denn viele könnten ein Dokument in die Hand nehmen und nichts verstehen. Doch das ist kein Problem, wenn sie nicht der Zielgruppe angehören: Der Zehnjährige, der ein Buch der Eltern nicht versteht, ist kein legitimer Leser dieses Buchs.

2.1 Für wen schreiben?

Mein Beispiel sind Sie, die Leserin oder der Leser dieses *essentials.* Als Autor habe ich eine Vorstellung von denen, für die ich schreibe. Je treffender sie ist, desto mehr wird Ihnen meine Arbeit nutzen. Meine Annahmen:

- **Sie** kennen Wege der wissenschaftlichen Argumentation, doch Sie haben zu einigen Disziplinen leichter Zugang als zu anderen. So unterscheiden sich Naturwissenschaftler und Techniker schon in der Struktur ihrer Argumentation von den Geisteswissenschaftlern (Ein Bericht in Janich, Zakharova 2011). Womöglich schmunzeln Sie auch über das jeweils andere Denken.

Diese Hürde muss der Text nehmen und beide bedienen. In einem Projektteam fasst auch die Industrie diese Verschiedenheiten zusammen und erwartet den erfolgreichen Abschluss.

- **Sie** wollen schnell zum Ziel kommen. Der wissenschaftliche Hintergrund einfacher Sprache interessiert Sie, das ist aber kein Selbstzweck.

Für den Autor folgt daraus: Kurz fassen, auf das Wesentliche beschränken. Nichts darf fehlen, nichts überflüssig sein. Diese Stilempfehlung ist wohl uralt aber doch der erste Stolperstein, der manchen Text zum Sturz bringt.

Wer genau weiß, was er schreiben will, sagt besser das und nicht weniger oder mehr. Fehlt etwas, müssen Leser mit Lücken zurecht kommen. Plaudert ein Autor stattdessen zu viel, zwingt er den Leser, das Wichtige herauszupicken und den Rest zu überblättern. Beides stört die Lektüre.

- **Sie** lesen und arbeiten selbstständig. Wohl wollen Sie die helfende Hand sehen, falls es einmal nicht weitergeht, das aber reicht Ihnen. Wichtig ist die sichtbare Struktur, damit finden Sie sich allein zurecht.

Von dieser Voraussetzung hängt ab, welche gestalterischen Mittel und Navigationshilfen angemessen sind. Einfache Sprache wirkt sich auch auf den Einsatz von Farbe und Typografie aus. Gehören sehr unerfahrene Leser zur Zielgruppe, würden die Instrumente dieser Buchreihe nicht ausreichen. Ein anderes Layout könnte solche Leser unterstützen.

- **Sie** sind motiviert und gehören zu den aufmerksamen Lesern.

Daraus folgt für mich, dass ich auf vieles verzichten kann, das Ihr Interesse am Thema ständig am Leben hält. Verstehen setzt die **Aufmerksamkeit** des Lesers voraus. Darum muss sich der Autor dieses Textes wenig sorgen. Ein Artikel über Grundlagen der Klimaveränderung, verfasst für nahezu jedermann, müsste anders vorgehen.

Diesem Text liegen also **Annahmen** über Sie als Leserin oder Leser zugrunde; wären sie weit vom typischen Leser entfernt, würde der Titel durchfallen.

Einfache Sprache in meiner Sichtweise zeichnet aus, dass Autoren sich an denen orientieren, die der **Zielgruppe** angehören und zugleich die **größten Schwierigkeiten** mit der Lektüre haben. Dabei unterstützen Annahmen oder, wenn das möglich ist, Wissen über die Leser: Eigenschaften, Interessen, Vorwissen.

2.2 Eigenschaften der Leser

Für Autoren sind nicht **die** Eigenschaften der Leser interessant, sondern eben nur einige (siehe Abb. 2.1). Sie sind nicht in einer Folge geordnet, jede kann für das Verstehen eines Textes entscheidend sein.

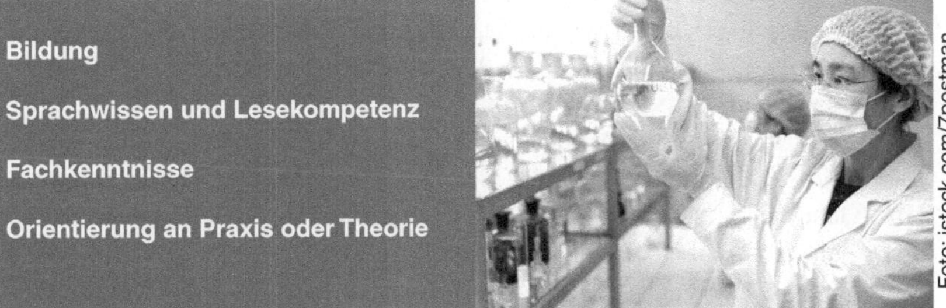

Abb. 2.1 Wesentliche Eigenschaften der Leser

Dieses *essential* geht davon aus, dass Sie als Autorin oder Autor verhältnismäßig hohe Erwartungen an Ihre Leser stellen dürfen. Einfache Sprache, die jedermann (Baumert 2018[a, b]) erreicht, ist nicht sein Thema.

- **Bildung**
  Gemeint ist eine Mischung aus formalen Abschlüssen, der Arbeit daran und den nahezu grenzenlosen Möglichkeiten der Weiterbildung – bis zur Lektüre in den eigenen vier Wänden. So könnte man Ihre Leser beschreiben. Wie gebildet akademische Leser tatsächlich sind, weiß kein Autor, es ist auch unwichtig.
- **Sprachwissen und Lesekompetenz**
  Zwei Untiefen, die viele gern umschiffen, denn schon die Auseinandersetzung mit ihnen kann kränken. Gemeint ist erstens, dass viele gut ausgebildete Experten ihre liebe Not mit dem Deutschen haben, obgleich sie mehrsprachig und fachlich kompetent sind. Diese und andere, die das Deutsche als Fremdsprache lernen – Studenten, Migranten – kommen mit einfacher Sprache besser zurecht. Umsichtige Wortwahl, Satzstruktur und -länge erleichtern ihnen das Lesen.
  Zweitens friert die Lesekompetenz auch bei Akademikern ein, wenn man ihr die Nahrung verweigert. Die Bücherregale einiger enthalten, was bis zum Studienabschluss nötig war, plus Reiseführer und Kochbücher. Der Bildungsabschluss sagt wenig über die Lesekompetenz.
- **Fachkenntnisse**
  In einfacher Sprache wendet man sich an Leser mit geringer oder ohne Kenntnisse der Disziplin, aus der man berichtet. Über welche Fachkenntnisse müsste man also verfügen, um das Wesentliche zu verstehen? Listen Sie es auf, diese Aufzählung wird für den Erfolg Ihres Textes entscheidend sein. Wie Sie sie führen, ist unwichtig. Von ihr erhalten Sie die Anregungen, welche **zusätzliche** Information nötig ist, damit Leser verstehen:
  Manchmal reicht eine Infografik mit kurzem Text, sonst eine Erläuterung, im Anhang oder in einem Kasten auf der Textseite. Je begrenzter die Seiten- oder Zeichenzahl ist, desto früher sollten Autoren Platz dafür freihalten.
- **Orientierung an Praxis oder Theorie**
  Jeder ernst zu nehmende Autor oder Dozent weiß mehr über den Gegenstand seiner Arbeit, als er im Text oder Seminar preisgibt. Die Menge macht das Gift. Geht er bei falschem Anlass auf theoretische Details ein, die kein Leser oder Zuhörer braucht, droht seine Arbeit zu scheitern: Zu viel Theorie, zu wenig Praxis. Der gegenteilige Misserfolg entsteht, wenn Leser Hintergründe vermissen. Bei wenigen darf und wird das geschehen, weil die Zielgruppe immer Abweichungen enthält. Sind es aber zu viele, war die Projektplanung fehlerhaft, oder man hätte sie anders umsetzen müssen.

Andere Zielgruppen verlangen vielleicht weitere Eigenschaften zu berücksichtigen (Baumert 2017: Kap. 1, und Baumert; Verhein-Jarren 2017: Kap. 3).

2.3 Das Interesse des Lesers am Text

Auf den ersten Blick **informieren** Texte aus Wissenschaft und Technik. Das reicht aber selten. Eher gehen Leser mit einem deutlichen Interesse an einen Artikel, ein Weblog oder ein Buch.

- Man kann zur **Unterhaltung** lesen: Wie haben die das früher gelöst, sind Zeitreisen möglich, wieso lachen wir bei Witzen?
- Die Texte sollen **Fragen** beantworten: Warum knabbern Wespen an Wurstscheiben, ist eine psychische Depression heilbar, wie funktioniert ein Erdbeben, was ist Crystal Meth?
- **Positionen** sollen verworfen, entwickelt oder bestärkt werden: Fallen in Deutschland hergestellte Bomben auch auf den Jemen, was heißt Klimaveränderung, sind derivative Geschäfte eine Gefahr für die Volkswirtschaft, wie gehen wir mit Migration um?
- Texte lösen **Handlungen** aus: Gibt es ein Idealgewicht und wie erreicht man es, soll ich mein Kind impfen lassen, wie kann ich informationelle Selbstbestimmung erreichen, worauf muss ich bei Erbangelegenheiten achten?

Neben diesen privaten Interessen kennen wir die beruflichen, beispielsweise in einem die Disziplinen übergreifenden Projekt:

- Was ist XML?
- Was ist eine Meilenstein-Trendanalyse, was bedeutet das für meine Arbeit?
- Wie trage ich Ergebnisse am besten vor?
- Was ist Docker, was sind virtualisierte Container?
- Welche Rolle spielt eine Berufsgenossenschaft?

Wie selbstverständlich reden manche Kollegen über solche Themen, der Fachfremde braucht entweder das Selbstbewusstsein zu fragen, oder er startet abends eine kleine Recherche; der erste Weg – auch des Autors – ist manchmal zu Wikipedia. Die Erklärungen dort schwanken zwischen korrekt bis genial einerseits und fürchterlichem Pfusch andererseits.

Um nicht auf für Experten offensichtliche Fehler hereinzufallen, besorgt man auf dem zweiten Weg Artikel renommierter Autoren, manchmal auch Bücher.

Darunter sind häufig jene Texte, die Sie, die Leserin oder der Leser dieses *essentials* für den privat oder beruflich Fragenden verfasst haben.

2.4 Lesers Vorwissen

Die entscheidenden Fragen für jeden Autor eines Sachtextes:

1. Was **wissen** Leser über das Thema?
2. Was **glauben** sie zu wissen?
3. Welche wissenschaftlich unhaltbaren **Annahmen** sind im Umlauf?
4. Wer verbreitet mit welchem **Interesse** welche Desinformation?

Bleiben diese Fragen unbeantwortet, sollten einige Vermutungen vor oder mit dem Beginn eines Publikationsprojekts den Rahmen abstecken.

1. Mit der Antwort auf die erste Frage hat der Autor einen Ausgangspunkt, wohl eher eine Fläche, weil man es so genau nie weiß.
   Wenn wir weder das Wissen des einzelnen Lesers noch das der Zielgruppe kennen, müssen Annahmen genügen. Oft nennt man sie ausdrücklich, damit Leser über Internetlinks und Literaturtipps bis zur gemeinsamen Startposition vordringen können. In Lehrbüchern oder Schulungsunterlagen steht oft ausdrücklich: *Sie kennen das Konzept der …* oder *Sie haben die Prüfung xy erfolgreich bestanden.*
2. Wir werden oft darauf zurückkommen: **Neues** Wissen knüpft an das **Bekannte** an. Wäre das nicht so, könnten Leser es nicht verarbeiten. Es bestätigt, reorganisiert, verwirft oder schafft tatsächlich neu.
   Das Bekannte muss für den Autor nicht das Richtige sein, er muss es in seinen Überlegungen dennoch berücksichtigen. Wer zu wissen glaubt, dass dies oder jenes der Fall sei, der weiß es in gewisser Weise auch. Womöglich also weiß jemand in diesem Sinne viel, kann aber auf nichts zugreifen, worauf ein wissenschaftliches Argument bauen könnte.
3. Von Aberglaube über Elektrosmog und den Kreationismus bis zur Wünschelrute. Wissenschaft musste immer schon gegen Unfug angehen, sie streitet auch heute dagegen: www.gwup.org. Geändert haben sich vielleicht politische und mediale Voraussetzungen der massenhaften und vielen glaubwürdig erscheinenden Verbreitung von Unfug.

Verschwörungstheorien und groteske Annahmen über die Welt, in der wir leben, stellen wissenschaftliche Aussagen für einige Leser unter Verdacht. Ob und wie weit ein Text dem begegnen kann, wird vom Thema abhängen.

4. Hinter Irreführungen und Lügen stehen oft – aber nicht immer – handfeste Interessen. Jeder Autor ist auch Rechercheur, wenn man ihn lässt. Das ist vergleichbar anspruchsvollem Journalismus: netzwerkrecherche.org/.
   In der Recherche fragt man nicht nur nach Unsinn, gegen den eine wissenschaftliche Veröffentlichung ankämpft. Auch seine Ursachen können neues Licht auf ein Projekt werfen. Einige meiner Leser sind davon überzeugt, dass x. Wem nutzt das? Muss ich dazu Stellung nehmen?

Leser verstehen Texte

3

Das Wort *verstehen* lässt niemanden unberührt, der an sprachwissenschaftlichen oder philosophischen Fragen interessiert ist. Auch Juristen, Kultur- und Sozialwissenschaftler verwenden es in ihren Arbeiten, nie kann man seine Bedeutung umfassend genug beschreiben. Der bloße Erfolg einer Signalübermittlung, akustisch, optisch, taktil oder elektronisch ist dabei selten das Problem. Der Verdacht liegt nahe, dass – vergleichbar *einfach, klar, deutlich* und *leicht* – auch dieses Wort sehr unscharf und nur mit Umsicht zu gebrauchen ist.

Wenn wir davon sprechen, dass jemand einen Text versteht, müssen wir deswegen bestimmen, wie wir *verstehen* verwenden.

In diesem *essential* bedeutet *verstehen,* dass jede Lektüre Veränderungen bewirkt: Verstärkungen, Erweiterungen oder Neueinträge im Langzeitgedächtnis des Lesers. Ob diese tatsächlich dem Ziel des Autors entsprechen, bleibt im Dunkeln. So könnte er eine Entwicklung wissenschaftlich begründen, die einige negativ, andere positiv bewerten – immer abhängig von Grundeinstellungen des Lesers. Eine gewisse Vagheit des Wortes bleibt somit erhalten.

Für Neurologen, Biologen und andere Untersucher physischer Wirklichkeit muss diese Festlegung im Wortgebrauch ergänzt werden: Die neurologische Verortung des Gedächtnisses und seiner Funktionsweise ist in unserer Betrachtung nachrangig, denn wir arbeiten mit Modellen.

Modelle lassen uns die Stadt von sehr weit oben betrachten. Was in den Straßen wirklich geschieht, wie Ver- und Entsorgung geregelt sind, welche Produkte wo produziert werden und alles andere, das die Stadt leben lässt, können wir nur verschwommen aus der Distanz wahrnehmen oder schlussfolgern.

Diese Sichtweise entstand notgedrungen lange vor dem **fMRT,** der funktionellen Magnetresonanztomografie. Mit ihrer Hilfe kann ein Gehirn leicht zeitversetzt beobachtet werden, während es Aufgaben löst. Beide Verfahren beginnen sich zu

A. Baumert, *Mit einfacher Sprache Wissenschaft kommunizieren,* essentials,
https://doi.org/10.1007/978-3-658-25009-6_3

ergänzen, wir sind aber weit entfernt von einem befriedigenden Begreifen der angenommenen Prozesse.

Als weitere Quelle der Erkenntnis sehen wir die **Medizin:** Schon seit Langem können Ärzte den Ursprung neurologischer Schäden weitgehend lokalisieren. Erkrankungen wie Verletzungen schränken zuerst die gewohnten Fähigkeiten des Patienten ein, Beobachtung und Tests liefern dann Hinweise auf die Beschaffenheit und den Ort der Läsion. Die Leichenschau, Autopsie oder Obduktion, kann später diese Hinweise unterstützen. Ausreichend oft bestätigt zeigen bekannter Ort und erkennbares Defizit, an welchen Positionen das gesunde Gehirn eine Arbeit wesentlich bewältigt.

Das letzte Verfahren ist das **Gedankenexperiment.** Schlussfolgern, Finden von Gesetzmäßigkeiten, ohne das Objekt detailgenau oder überhaupt beobachten zu können. Wenn Quellen unwiederbringlich versiegt oder aus anderen Gründen nicht zugänglich sind, können Gedankenexperimente die Erkenntnis erweitern. Sie gehören darüber hinaus zum Repertoire von Rechercheuren jeder Art, Beispiel: Welche Voraussetzung hätte erfüllt sein müssen, damit x.

Wir verwenden also Modelle, sie gehören zum anerkannten Werkzeug einiger Kognitionswissenschaften. Mit dieser Methode entstanden noch heute gültige Sichtweisen des Langzeitgedächtnisses, die wir allgemein als Modelle des semantischen Gedächtnisses bezeichnen (Baumert 2016: Kap. 1.3): Schemata, semantische Netze, Frames und Scripts. Dazu gehört das episodische Gedächtnis, die Erinnerung an Erlebtes. Wie wir zeigen werden, hat auch das für die Argumentation dieses *essentials* wesentliche Arbeitsgedächtnis vorerst Modellcharakter.

3.1 Arbeitsgedächtnis – lesen und verstehen

In einer erstmals 1999 erschienenen Übersicht geben Miyake und Shah (2007) elf Forschern Raum, ihre Modelle des Arbeitsgedächtnisses vorzustellen. Wollte ich mich wissenschaftlich auf traditionelle Art mit dem Thema befassen, wäre wenigstens eine gründliche Auseinandersetzung mit allen Modellen vonnöten.

Das ist aber nicht mein Ansatz. Ich räume Ungenauigkeiten ein, konzentriere mich auf nur ein Modell und auch dort auf diejenigen Aspekte, die der Rahmen dieses *essentials* vorgibt.

Beginnen wir mit einer guten Nachricht: Obgleich jeden Tag vieles auf uns einplärrt, bleibt davon kaum etwas gespeichert. Abhängig von der Wohngegend, dem Arbeitsplatz, Familie und Freunden schützt die Gnade mangelnder Aufmerksamkeit oder des Übersehens vor dem Verrücktwerden.

Reize, die auf uns einprasseln, müssen viele Hürden passieren, ehe sie zu Informationen und endlich zu Wissen werden. Die letzte Instanz ist das Arbeitsgedächtnis, der Türöffner des Langzeitgedächtnisses (siehe Abb. 3.1).

Nicht nur Sinnvolles schafft den Weg vom Reiz zum beständigen Wissen. Wenn überall, in jeder U-Bahn, jeder Zeitung, Radio und Fernsehen oder Internet ein kurzer knackiger Spruch seinen Weg sucht, findet er ihn auch. Als im Wortsinne alter Berliner schnarrt es noch immer aus meinem Langzeitgedächtnis: *Möbel Kunst, der wohnt, das weiß ich, Blücherstraße zweiunddreißig.* Gekauft habe ich dort nie, die Firma ist längst Vergangenheit. Gelöscht wird der Eintrag dennoch nicht, solange dieses Gedächtnis existiert. Volltreffer einer Werbeabteilung!

Die Hürden sind kleine Speicher und die Pfade zwischen ihnen. Sie gestatten die Weiterleitung oder bremsen aus. Die ersten warten schon nahe der Netzhaut und bilden praktisch einen Außenposten des Gehirns.

Kontrolliert und gesteuert wird der Hürdenlauf durch eine Einheit, die – nicht schön, aber einprägsam – **Zentrale Exekutive** genannt wird. Sie sorgt unter anderem dafür, dass Gelesenes in Lautform übertragen wird und während der Verarbeitung erhalten bleibt. Eine Übersicht bietet Heidler (2013: Kap. 2–4). Dort enthalten ist auch eine historische Betrachtung der Forschung; zusätzliche Informationen findet der interessierte Leser in Cowan (2017), Baddeley (2012) und in der von Baumert (2016, 2018[a]) genutzten Literatur.

Dass geschriebene Texte in Lautform, eine Art innerer Sprache, übertragen werden, könnte in der Geschichte unserer Sprach- und Lesefähigkeit begründet sein. Während einige die Zeit der gesprochenen Sprache auf etwa zweihunderttausend Jahre schätzen, bringt es die geschriebene Sprache auf ein Tausendstel dieser Zeit, vielleicht zweihundert Jahre. In dieser Frage interessiert nicht die Erfindung von Schriftsystemen, sondern die allgemeine Schulpflicht, der zufolge der Anspruch gilt, dass jeder lesen und schreiben könne (Baumert 2018[a]: Kap. 1.2.3). Das menschliche Gehirn hatte damit wohl Zeit, Verarbeitungswege für Gesprochenes zu schaffen, nicht aber für Geschriebenes: Sprechen und hören sind eine **biologische** Eigenschaft, schreiben und lesen eine **kulturelle.**

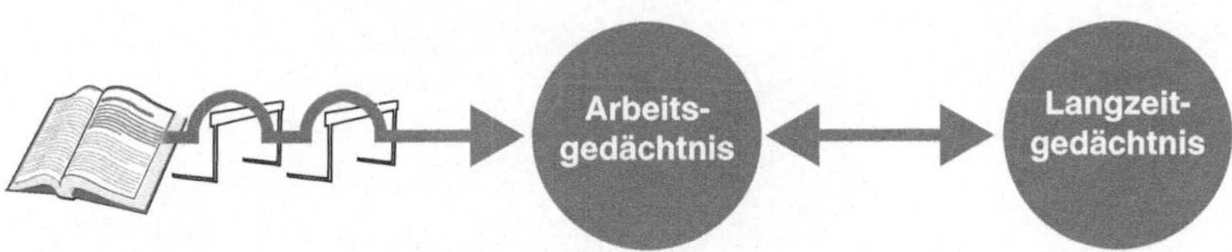

Abb. 3.1 Hürdenlauf der Information

Texte kämpfen um den Leser. Diejenigen haben die besten Chancen auf gelungene Wahrnehmung, denen es gelingt, die **Aufmerksamkeit** des Lesers zu wecken oder sie zu unterstützen. Nicht einmal, sondern immer wieder. Wenn die Aufmerksamkeit nachlässt, schafft es ein Text allein kaum, die Zentrale Exekutive aktiv zu halten: Das Lesen will versiegen.

Nach Cowan schafft die Zentrale Exekutive ein **Arbeitsgedächtnis,** eingebettet in das Langzeitgedächtnis – *embedded memory* (siehe Abb. 3.2). Sein Modell steht nicht unbedingt in scharfem Konflikt zu der führenden Theorie Alan Baddeleys. Dieser benutzte zwar nicht als Erster das Wort *Arbeitsgedächtnis, working memory,* sein Modell bestimmt aber derzeit die Fachdiskussion. Baddeley selbst sieht nur geringe Unterschiede zwischen seinen Überlegungen und denen Cowans:

> Oberflächlich betrachtet scheint Cowans Theorie sich von meiner völlig zu unterscheiden. Praktisch stimmen wir aber in den meisten Fragen überein, unterscheiden uns jedoch in der Terminologie und den Schwerpunkten der Betrachtung. … Ich sehe unsere Differenzen grundsätzlich als solche von Schwerpunktsetzung und Wortwahl (Baddeley 2012: 20, Übersetzung A. B.).

Wenn auch in diesem *essential* nur der geschriebene Text interessiert, sei angemerkt, dass andere Eindrücke – sehen, hören … – ähnliche und womöglich gleichzeitig laufende parallele Belegungen des Langzeitgedächtnisses fordern.

Außerdem scheint es möglich zu sein, zwischen verschiedenen Arbeitsgedächtnissen eines Bereiches, beispielsweise der Sprache, eine Zeit lang zu wechseln. Ich unterbreche meine Arbeit an diesem *essential,* lese einen Artikel in der Tageszeitung über ein anderes Thema und kehre anschließend an diesen Text zurück. Der Übergang kostet etwas Zeit, ruiniert aber nicht den Gedankenfluss.

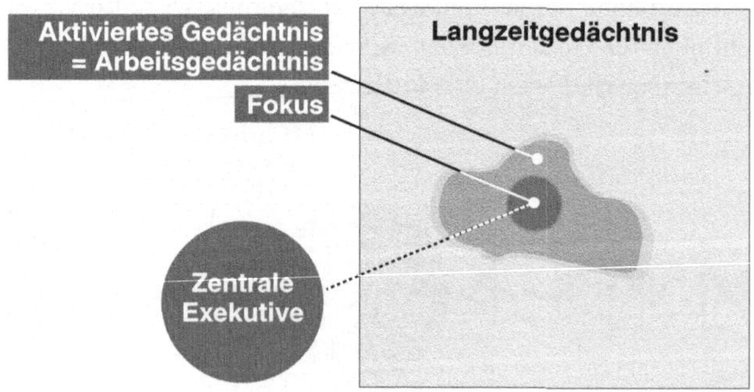

Abb. 3.2 Stark vereinfacht nach Cowan (2007, 2016)

Manchmal entsteht sogar der Eindruck, die Arbeit wäre unbewusst fortgesetzt worden: Die Unterbrechung hat geholfen.

In der Cowanschen Sicht ist das Arbeitsgedächtnis ein aktivierter Teil des Langzeitgedächtnisses. Ihm steht alles zur Verfügung, auf das der Leser in seinem Langzeitspeicher zugreifen kann, das **Bekannte.** Was darin nicht vorhanden ist, kann zur Verarbeitung des **Neuen** nicht genutzt werden.

Die Schwierigkeit entsteht für Autor und Leser in der beschränkten Kapazität und in der zeitlichen Begrenzung des Inhalts. Während das Langzeitgedächtnis ohne Begrenzung in einem gesunden Hirn erweitert werden kann – lebenslanges Lernen –, wirkt das Arbeitsgedächtnis sowohl als Beschleuniger wie auch als Flaschenhals. Wenn ankommende Informationen nicht in angemessener Menge weitergegeben werden können, wird der Prozess anhalten, das Lesen droht zu scheitern. Auch die Zeit hat eine Funktion, denn nach und nach verliert das Arbeitsgedächtnis seine besondere Rolle innerhalb des Langzeitgedächtnisses. Strittig ist allerdings die Dauer.

Wie ist unter diesen Bedingungen das Erlernen von Neuem möglich? Nur durch behutsame schrittweise Erweiterung des Bekannten! Alles, das den Austausch zwischen Arbeitsgedächtnis und Langzeitgedächtnis unnötig belastet, muss unterbleiben. Beispiele aus dem Leben des Lesers, die das **episodische Gedächtnis** zu Hilfe rufen, können die Arbeit erleichtern. Erfahrene Dozenten sagen das Gleiche oft mit anderen Worten und nutzen unterschiedliche Medien, damit Neues den Flaschenhals passiert und zu Bekanntem wird.

Abb. 3.2 zeigt einen **Fokus** des aktivierten Gedächtnisses. Während Sie diese Seiten lesen, unterhält Ihre Zentrale Exekutive ein Arbeitsgedächtnis, das Zugriff auf Ihr Wissen über Verständlichkeit, Neuronen, kognitive Systeme oder dergleichen enthält. Der Fokus wird auf *Arbeitsgedächtnis* oder so etwas wie *flüchtiger Speicher* gerichtet. Sind Sie Programmierer, Informatiker oder allgemein aus der Informationstechnik, ist vielleicht eine Verknüpfung zu Ihrem Wissen über den in Computern üblichen Arbeitsspeicher (RAM, Random Access Memory) gesetzt. Das wird zu Fehleinschätzungen führen, denn das menschliche Arbeitsgedächtnis ist keine eigene Baugruppe im Hirn, sondern eine Auswahl des gespeicherten Wissens, gesteuert durch die Zentrale Exekutive. Nicht das Wissen ist flüchtig, sondern nur die Auswahl. Vergleiche zwischen Hirn und klassischer Computerarchitektur gehen meist ins Leere.

Der verstehende Leser ist in dieser Sichtweise einer, der sich einen geschriebenen Inhalt erobert. Er verleibt ihn seinem Langzeitgedächtnis ein. Dort schafft der Text neue Einträge, versieht existierende mit Zweifeln oder markiert sie als falsch. *Erobern* ist ein angemessenes Wort, weil auf dieser Ebene nichts automatisch geschieht. Lesen und verstehen sind **Handlungen,** die – wie andere auch – fehleranfällig sind. Deswegen brauchen sie die Unterstützung der Autoren.

3.2 Schreiben für das Hirn

Autoren gehen eine Partnerschaft mit Lesern ein. Das ist gar nicht so aufwendig, wenn sie die Aufmerksamkeit **wecken,** diese aufrecht **erhalten** und portionsweise **Neues** dem **Bekannten** hinzufügen.

Mit der **Tür ins Haus** zu fallen (siehe Abb. 3.3) ist nicht jedermanns Stil. Doch selbst Stephen Hawking setzte eben diese Technik ein und prophezeite, die Erde werde sich durch menschliches Fehlverhalten in eine Art Venus verwandeln, das Leben auf ihr wird dann nicht mehr möglich sein (Zum Beispiel im BBC-Interview – https://www.youtube.com/watch?v=sunmCH_23as).

In wenigen Milliarden Jahren wird das womöglich ohnehin passieren, weil sich das Sonnensystem ändert. Der Unterschied besteht in der durch Menschen verursachten drastischen Zeitverkürzung. Die Frage ist letztlich: Schaffen wir es noch, der Unbewohnbarkeit des Planeten rechtzeitig zu entwischen? Das ginge nur mit einer Änderung menschlichen Verhaltens oder der Raumfahrt, die wenigstens einiges retten könnte.

Ein deftiger Start, mit dem man einen Text über den Klimawandel einleiten kann, wenn man Hawkings Ansehen genießt. Andere beginnen besser dezenter.

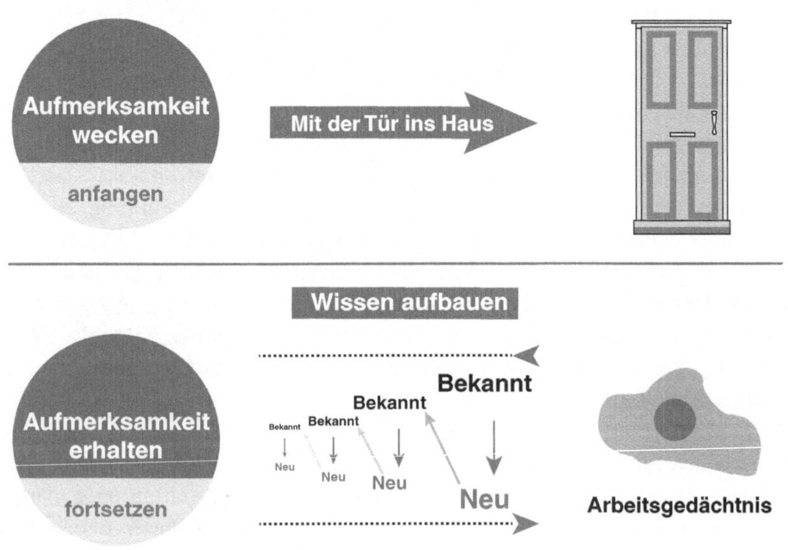

Abb. 3.3 Unterstützung durch Autoren (Baumert 2018[a]: 155)

3.2.1 Aufmerksamkeit wecken: der Anfang

Was Leser in den Text hineinzieht, wirkt sicher auch anschließend. Der gute Anfang wiederholt sich dann. Wir wollen aber dennoch unterscheiden zwischen dem ersten Eindruck und dessen Bestärkung oder Enttäuschung.

Das Thema und der Titel

Der Titel eines Dokuments muss den Leser sofort ansprechen. Dazu dient ein **aktives Verb:** *Vorsorgen* ist besser als *die Vorsorge, aufhalten* sagt mehr als *der Stopp, ändern* spricht eher an als *die Veränderung.* Hilfsverben, *sein, tun, machen,* … gehören nicht in einen Titel.

Wenn das Thema den Leser interessiert oder beschäftigen sollte, stößt schon der erste Kontakt mit dem Dokument die Tür auf: Darüber will ich mehr wissen!

Der Umfang

Thema und Dokumentumfang müssen zueinander passen. Einerseits bleibt immer etwas unerwähnt, andererseits steht in vielen Texten, was nur wenige aus der Zielgruppe lesen wollen. Doch nur das tatsächlich Nötige soll den Umfang bestimmen. Anderes mag ergänzen, als weiteres Dokument im Internet oder gedruckt.

Je weniger aber ein Autor seine Zielgruppe kennt, desto wahrscheinlicher wird der Umfang seines Produkts Leser verfehlen. Zu gering oder zu ausführlich behandelt, vielleicht auch zu uninteressant für viele Leser.

Wem Information fehlt, dem helfen Internetlinks und Literaturhinweise, vielleicht auch thematisch strukturierte Tipps, ein Beispiel in Baumert (2017: 221–227) von *Mustertexte für die Korrespondenz* über *Terminologiepflege* bis *BWL für Nicht-BWLer.*

Andere kann man durch **Übersicht, Struktur** und **Navigationshilfen** unterstützen. Leser sollen sich dann herausgreifen, woran sie interessiert sind.

Gesamteindruck

Welchen Eindruck erweckt ein Dokument, ob auf Papier, Einseiter, Faltblatt, Broschüre, Buch oder elektronisch. Denkt man sofort an ein sauberes, überlegtes Werk? Oder ahnt der Leser, dass er jene Arbeit verrichten soll, die zurecht von Institution, Redaktion, Verlag oder Autor erwartet wird.

Rechtschreibfehler, falsche Bezüge, grammatische Unordnung und anbiedernde Modesprache können die Tür wieder zuschlagen, die das Thema geöffnet hatte.

Abhilfe leistet ein Lektorat. Es muss nicht so heißen, manchmal sind es Kollegen, Freunde, Verwandte oder Seminarteilnehmer, denn schreiben allein reicht nicht; auch geübte Autoren bedürfen der Qualitätskontrolle.

Jenseits des Schreibens wirkt die Handwerkskunst: Druckvorbereitung, Druck und Bindung. Arbeit nach dem Stand der Kunst überzeugt, anderes weniger. Ein Beispiel: Billig verleimte Druckwerke sind fürchterlich; nach dem Aufschlagen klappen sie zu, wenn der Leser die Hand kurz wegzieht.

Wenn der erste Eindruck des Lesers *lohnt sich, ist interessant, sauber gearbeitet* und ähnlich ist, dann steht die Tür weit offen. Der Text darf jetzt ins Haus.

Gestaltung

Dieses *essential* entstand in moderner Technik, es ist ein XML-Dokument (Vgl. Baumert 2016: 8.2.2, 2017: 189–193). Der Autor ist nur für Struktur, Text und Grafik verantwortlich. Er schreibt in einen Editor und überlässt die Gestaltung dem Verlag, Herstellung und Redaktion. Was für journalistische Texte schon immer die Regel war, erobert nun auch den Buchsektor. Neu ist die Dominanz des informatischen Denkens in der Produktion.

Technikern und vielen Wissenschaftlern kommt entgegen, dass sie die äußere Form eines Dokuments Fachleuten überlassen können. Was in Zeiten des Bleisatzes selbstverständlich war, wurde in den Achtzigern vom Desktop-Publishing (DTP) abgelöst und überfordert bis heute manchen. Moderne Technik kann den Autor jetzt wieder auf die von ihm beherrschte Rolle beschränken.

Das jedoch ist nicht immer möglich. Autoren müssen hin und wieder in DTP gestalten, obgleich viele von ihnen nicht einmal die Grundlagen der Jahrhunderte alten Gestaltungstechnik beherrschen. Wenn Sie dazu gehören, fragen Sie die Redaktion, das Lektorat oder die Herausgeber nach einer **Dokumentvorlage** – auch: Template – für die von Ihnen genutzte Software. Sie verwenden dann eine bewährte Vorlage und können auf eine womöglich fehlerhafte Eigenentwicklung verzichten. Damit kann man sich und anderen unangenehme Anpassungen in letzter Minute ersparen. Auch im Internet werden Sie solche Ergänzungen für häufig genutzte Programme entdecken.

Der Dokumenttyp, Einseiter, Zeitschriftenartikel, Buch oder elektronische Publikation, ist für solche Überlegungen unwesentlich, weil auch der Aspekt des guten Aussehens in allen Erscheinungsformen den geschmeidigen Weg ins Langzeitgedächtnis ebnet.

Wollen Sie die Gestaltung selbst übernehmen, helfen Ihnen vielleicht erste Anregungen und Literaturhinweise zu Typografie und Gestaltung in einer Übersicht (Baumert 2018[a]: 83–92). Das Thema verlangt Zeit und Arbeit, um Dokumente zu erzeugen, die Lesern gefallen.

3.2.2 Aufmerksamkeit erhalten: die Fortsetzung

Wie kommen die Leser mit dem Dokument, dem Artikel oder der Website zurecht? Bleibt der gute Anfang erhalten, oder verblasst alles beim Lesen?

Übersicht und offensichtliche Struktur
Die entscheidende Frage ist: **Findet** mein Leser, was er **sucht?** Der aufmerksame Leser lässt sich entweder an die Hand nehmen und folgt dem Autor durch den Text, oder er läuft ab und zu davon, stellt Fragen, hat eigene Ideen. Dann sucht er. Die Suche muss der Autor voraussehen und vom **Standpunkt des Lesers** bei umfangreichen Dokumenten Register, Verzeichnisse und Links anfertigen.

Register und Verzeichnisse
Viele Leser wollen wissen, auf welchem Stand der Autor ist, was er berücksichtigt hat, welche Theorien und Titel ihm erwähnenswert sind. Die Verzeichnisse geben Auskunft: **Literatur, Stichwort, Personen, Inhalt.**

Wer zu den Viellesern gehört, fachfremd oder Experte, überlässt die Lektüre nicht dem Zufall. Er geht methodisch vor, weil man nur so eine erwähnenswerte Literaturmenge bewältigen kann. Die Methoden sind abhängig vom Wissensstand, Dokumenttyp, Umfang und der eigenen Position gegenüber Autor und Thema. Die Erfahrung auf einem Gebiet erhöht die Geschwindigkeit. Warum nimmt mir dieses Buch nicht einmal drei Stunden, jenes zwei Tage? Ich weiß es nicht, schon die Suche nach dem Grund würde Zeit kosten. Sicher ist nur, dass Verzeichnisse beschleunigen können.

Die vier Verzeichnistypen rächen sich für Vernachlässigungen. In Wissenschaft und Technik verbirgt sich ein häufiger Fehler hinter der löblichen Grundhaltung, es müsse nur korrekt sein. Den Fehler schafft die unausgesprochene Ergänzung, Korrektes dürfe auch scheußlich aussehen.

Über das Erstellen eines Registers informiert die DIN 31630-1, weitere Informationen geben Baumert (2017: 129–132) und Baumert, Verhein-Jarren (2016: 184–186). Eine Anmerkung zu Personen- und Sachregister, die darin fehlt, aber häufig gewünscht wird: Wenn Ihre Software nicht zwischen den beiden Registertypen unterscheiden kann, helfen Sie sich mit einem Trick: Setzen Sie allen Personen *aaa* voran und lassen dann das Register – auch: Index – wie gewohnt automatisch erstellen. Zum Schluss befreien Sie das Dokument mit der Funktion *Suchen und Ersetzen* von *aaa* und erhalten beide Verzeichnisse hintereinander. Wem ich diesen Tipp verdanke, habe ich vergessen. Es funktioniert aber in der von mir genutzten Software und dient dem Leser!

Navigation

Seit Beginn der neunziger Jahre verwendet die Fachliteratur den Ausdruck *Navigation,* denn auch in elektronischen Dokumenten müssen Leser den Weg über die See aus Buchstaben finden. Zusätzlich nutzen diese Links, Schaltflächen, Anzeige der Position – Breadcrumps, Brotkrümel –, Teaser – Anreißer – und Seitenübersichten.

Moderne Softwarepakete bieten Lösungen für diese Aufgaben, man muss sie nur nutzen. Viele Leser werden es danken, wenn ein PDF die Verzeichnisse als Links enthält, gute Eigenschaften beider Welten – Papier und Elektronik – sind somit vereint: Sie lesen im Verzeichnis, klicken auf eine Seitenzahl und sind mittendrin. Andere Funktionen, *weiter, zurück, letzte Position,* sind in die Anzeigesoftware integriert. So macht das Lesen Spaß, keine Gedächtniskapazität muss für die Navigation verschleudert werden.

Überschriften

Was steht im folgenden Abschnitt oder Kapitel? Mehr sagt eine Überschrift in Technik oder Wissenschaft nicht. Unser Wunsch, die Aufmerksamkeit zu wecken oder zu erhalten, fügt ein Aber hinzu: Auch sachliche Überschriften müssen das Arbeitsgedächtnis nicht in den Schlaf treiben.

In Ihren Entwürfen und der Gliederung darf und soll es ausschließlich sachlich zugehen. So kennen Sie es aus dem fachinternen Text. Fachextern sind Lockerungsübungen nicht grundsätzlich falsch. Dass dabei keine Missverständnisse entstehen, ist auch eine Aufgabe der Qualitätskontrolle.

Grafiken

Völlige Laien auf diesem Gebiet überlassen besser auch Fotos und Grafiken den Experten. Ausnahmen sind Tabellenkalkulationen und deren Diagramme. Wissenschaftler und Techniker sind den Umgang mit dieser Software gewohnt und beherrschen sie besser als mancher, der sich nur im Design auskennt.

Die Ergänzung ist das Gespräch mit einem Fachfremden, der seine Interpretation eines Diagramms erläutert. Dabei wird man hin und wieder eines Fehlers bewusst, den man für unmöglich gehalten hätte.

3.2.3 Bekannt und neu

Wir verstehen auf der Grundlage des Gewussten. Fakten, Prozeduren und Ereigniswissen leiten das Verstehen des Neuen an. Was ein Leser nicht weiß, kann ihm folglich nicht helfen, das Neue zu verstehen. Deswegen ist es nie eine ausschließliche Angelegenheit der Sprache, ob ein Leser verstehen wird oder nicht.

Neues Wissen muss sich auf das Bekannte beziehen und vom Leser aktiv aufgebaut und seinem Langzeitgedächtnis hinzugefügt werden. Dabei kann der Autor helfen, indem er das Neue schrittweise zum Bekannten werden lässt (Abb. 3.3).

Welche Aufgabe einfache Sprache dabei übernehmen kann, zeigen die nächsten Kapitel.

Widerborstige Wörter 4

In einfacher Sprache gelangen Wörter und Wortfolgen leicht ins Arbeitsgedächtnis. Sie werden dort abgeholt und bereiten Veränderungen im Langzeitgedächtnis vor. Einige neigen aber dazu, sich zu widersetzen oder Fehlinterpretationen zu fördern. Dieses Kapitel nimmt sich ihrer an, damit das Ziel eines leicht verständlichen Textes erreicht werden kann.

Wir unterscheiden auf erster Ebene nicht nach den üblichen Wortarten, sondern kategorisieren nach Wörtern, die meist nur eine **Funktion** in Wortverbindung und Satz haben und solchen, die eine eigene **Bedeutung** tragen.

4.1 Funktionswörter

Diese Wörter werden auch **Strukturwörter** oder **Synsemantika** genannt. Sie bilden nur einen geringen Anteil am Wortschatz, es gibt „etwa 200 solcher Funktionswörter" (Klein 2013: 38). Dafür sind sie die häufigsten in geschriebenen Texten. Nach der Häufigkeit ihres Vorkommens in ausgewerteten Texten (IDS 2013) sind es: *der/die/das* (Artikel), *in, und, sein* (Verb), *ein(e)* (Artikel), *werden, von, mit, der/die/das* (Pronomen), *haben …*

Funktionswörter stehen nicht in direkter dauerhafter Beziehung zur außersprachlichen Welt. Ihre Aufgabe ist es zumeist, Satzelemente zueinander in Beziehung zu setzen und dem Satz dadurch als Ganzes eine Bedeutung zu geben: *Menschen können auf der Venus nicht* leben. Erst die hier unterstrichenen Funktionswörter schaffen die Satzaussage.

Das **Verhältnis** zwischen der Anzahl an Funktionswörtern zu der an Bedeutungswörtern im Satz sagt etwas über Wissenschaftlichkeit und Verständlichkeit dieses Satzes aus. Je mehr Bedeutungswörter er enthält, desto mehr Bedeutung steckt auch in ihm; das heißt: desto schwerer ist er zu verstehen.

A. Baumert, *Mit einfacher Sprache Wissenschaft kommunizieren*, essentials,
https://doi.org/10.1007/978-3-658-25009-6_4

Funktionswörter im hier genutzten Sinn sind:

• Artikelwörter	*der, die, das, ein, eine, dieser …*
• Konjunktionen	*und, oder, dass, damit, ob, wenn …*
• Modalverben	*können, müssen, sollen, dürfen, wollen …*
• Modalwörter	*gewiss, kaum, sicherlich, vielleicht, sicher, wahrscheinlich, …*
• Negationen	*nicht, kein, nie …* Vorsilben: *un-, a-, an-, in- …*
• Partikeln	*also, etwa, nun, sehr, sogar …*
• Präpositionen	*in, mit, über, unter …*
• Pronomina	*ich, er, sie, es, dies, jedermann …*
• Zeigwörter	*dieser, das, ich, du, heute, dann …*

Einige Grammatiker werden dieser rustikalen Liste nicht zustimmen, weil hier die Modalverben genannt sind. Auch andere Kategorien werden sie kritisieren, Zeigwörter und Modalwörter beispielsweise. Die hier als Funktionswort Genannten haben aber Gemeinsamkeiten, die für ein besseres Textergebnis in einfacher Sprache hilfreich sind.

Die Liste der Funktionswörter ergibt keinen eindeutigen Katalog an Empfehlungen. Ungefähre Entsprechungen müssen genügen, wie schon die zweite Empfehlung zeigt.

Ansprache

Im Deutschen verwenden Wissenschaftler und Techniker meist die unpersönliche Form. Das wird auch an Hochschulen so gelehrt (Hennig, Niemann 2013: 443). Was in der fachinternen Kommunikation noch immer Standard zu sein scheint, gerät fachextern aus der Mode.

Die direkte Ansprache muss im fachexternen Text nicht mehr mit Tadel rechnen. Man findet sie jetzt sogar gelegentlich fachintern. *Sie* und die Referenz auf Autoren oder Autor, *wir* und *ich,* ist gestattet. Dem Internet und elektronischen Medien sei es gedankt. Wenn ich Ihnen etwas empfehle, ist das einfacher und unverwechselbarer, als wenn *man* es *dem Leser* empfiehlt. Noch schlimmer wäre: *aus dem Gesagten ergibt sich …* Auch im Text an Kunden spricht nichts gegen ein *Wir* für das Unternehmen.

Einen Ratschlag für das reale, gefühlte oder sonstige Geschlecht der Leser verweigere ich hingegen. Ich gebe zu bedenken, dass das längere Wort, womöglich mit Sternchen, Unterstrichen oder Binnen-I, aufwendiger zu lesen ist.

Das Deutsche kennt traditionell das in diesem *essential* gebrauchte verallgemeinernde, neutrale Maskulinum. Nur in Texten, die geschlechtsspezifische Inhalte transportieren – zum Beispiel in Psychologie oder Medizin –, kann seine

Nutzung falsch sein. Langfristig werden ohnehin die Zielgruppen entscheiden, was sie bevorzugen.

Genauigkeit

Etliche Funktionswörter dienen einer ungenauen Angabe von Messgrößen: *etwa, links von, nahe, neben, auf, ungefähr,* … Wissenschaftler und Techniker können sich damit schwer anfreunden, sie verwenden exakte Angaben.

Doch Genauigkeit und Vagheit haben beide ihren Platz in einfacher Sprache. Während umgangssprachliche Texter oft die Präzision im Ausdruck lernen müssen, verlangt die fachexterne Kommunikation vom Experten gelegentlich den Verzicht darauf. Kann mein Leser etwas mit Nanosekunden anfangen? Wenn nein, dann reichen Ausdrücke wie *etwas länger* oder *kürzer.* Manchmal hilft auch ein für den Leser verständliches Beispiel.

Logische Verbindung

Variante a oder Variante b ist die Lösung des Problems. Dieser Satz ist auf jeden Fall falsch, wenn tatsächlich beide Varianten **nicht** die Lösung wären. Einige Leser fänden ihn aber richtig, auch wenn beide Varianten zum Erfolg führten. Sollte der Autor das beabsichtigen, ist die Empfehlung, mit *sowohl … als auch* zu arbeiten. Sonst ist *entweder … oder* angebracht. Die Ursache liegt in der umgangssprachlichen Mehrdeutigkeit der Konjunktion *oder.* || Erklärung: Der Satz ist richtig, wenn nicht beides falsch ist. Gegen: Der Satz ist richtig wenn nicht mehr als eines richtig ist.

A und B sind verheiratet. Das aussagenlogische *und* ist in diesem Satz nur vordergründig korrekt, denn wir sprechen entweder über zwei Relationen, in denen jeweils ein Element fehlt: Verheiratet(a, x_1) $\wedge$ Verheiratet(b, x_2) || Erklärung: $\wedge$ steht für *und,* x = unbekannt. Oder wir reden über die symmetrische Relation V(a, b), dann aber soll man es auch sagen: A und B sind *miteinander* verheiratet.

Möglich oder notwendig

Einige Wörter haben die Funktion, Satzaussagen zu modifizieren. Sie geben an, wie der Autor einen Sachverhalt einschätzt: Es ist *gewiss* so, *zweifelsohne* so, *vielleicht* so … Auch Verben sind dazu geeignet: *müssen, sollen, dürfen, können* … Sie geben also einen Grad der Wahrheit, des Handelns oder Unterlassens an.

Vermutlich ist jedes dieser Wörter für eine einfache Sprache in Wissenschaft und Technik geeignet. Man *muss* es nur richtig anwenden, denn was vermutlich der Fall ist, ist es nicht notgedrungen tatsächlich.

In manchen Konzepten einfacher Sprache ist *sollen* verboten. Entweder *müssen* oder nichts, Graduierung ist nicht erwünscht. Damit wäre unser Sprachgebrauch aber nur oberflächlich erfasst. *Müssen* drückt einen Zwang aus, der nicht immer gegeben ist. Eine Handlung **soll** vielleicht nur in bestimmter Weise ausgeführt werden, sie **muss** es aber nicht. Vielleicht ist das Optimum gar nicht erforderlich. Ob *sollen* oder *müssen* am rechten Platz stehen, entscheidet der Autor. Er muss seine Auswahl dann auch rechtfertigen können, wenn mehrere Leser den Sachverhalt falsch verstehen.

Negation

Die einfache Negation reicht aus, einmal *nicht, kein, nie …* genügt. In Wissenschaft und Technik ist das verständlich und bedürfte keiner Erwähnung, gäbe es nicht Wörter, die eine mehr oder weniger deutliche Negation schon enthielten.

Die Wortbildung im Deutschen schafft manchmal eine Konstruktion, die den Leser im Ungewissen lässt, wenn sie negiert wird. Gemeint sind Vorsilben wie *un-, in-, dis-, a-, an-* und ähnliche. Oder: *Wenn x und y nicht inkommensurabel sind, dann sind sie kommensurabel* ≈ im gleichen System messbar. || Benutzt in Philosophie, Wissenschaftstheorie, Mathematik.

Scheinsubjekte

Es regnet. Die Frage aus dem Fremdsprachunterricht, wer oder was in diesem Satz das Subjekt sei, geht in die Irre. Niemand und nichts regnet, *es* ist ein Scheinsubjekt. Vergleichbar: *Das ist heute ein Verkehr!* Auch *das* kann so genutzt werden. Von beiden ist nur *es* bei einigen Verben unverzichtbar, die Wetterverben oder im übertragenen Sinn: *Für Hilde regnet es rote Rosen, im Seminar hagelt es Fünfen.* Sätze mit *das* könnte man auch umformulieren.

Diese ungreifbaren Subjekte nutzt man gerne in der fachinternen Kommunikation: *Es ergibt sich, dass …* Fachextern sind diese Formulierungen bedenklich.

Es werden die Grundlagen dargestellt und die technischen Möglichkeiten beschrieben. Wenn man stattdessen Ross und Reiter nennt, kommt Leben in den Satz: *Ich zeige … und beschreibe …*

Es ist darauf zu achten, dass … In einer Anleitung wäre das sogar ein Kunstfehler, denn man muss dem Leser Handlungen empfehlen, manchmal sogar vorschreiben: *Achten Sie darauf* oder *Vergewissern Sie sich, dass …, bevor Sie …*

Zeigen in Raum und Zeit

Das Zeigen im Raum und auf Objekte oder Personen ist eine der ältesten Kommunikationsformen unserer Vorfahren. *Dort, da, dieser, ich, du, …* sind Wörter, die dazu in unserer Lautsprache, dem gegenwärtigen Deutsch, dienen. Das Zeigen in der Zeit kam wohl später dazu: *dann, bevor, danach, gestern, …*

In der gesprochenen Sprache ist das recht einfach, einer zeigt mit Wörtern und unterstützt es mit Händen, Fingern oder einer Kopfbewegung: *Iss das da nicht.* In der Schrift geht die unmittelbare Beobachtung des Redenden verloren. Da die Zeigwörter selten selbsterklärend sind, laden sie zum Missverständnis ein.

Die Lösung auch in einfacher Sprache ist, Redner und Ursprung der Betrachtung sprachlich ausdrücklich festzulegen: *Ihr Zuschauer muss Sie von links kommend nach rechts gehend erleben.* Präzise Angaben von Zeiten und Reihenfolgen sind leichter zu verstehen als *heute, dann, danach, …*: *Seit Januar 2019, erstens, zweitens, drittens, …*

Zeigen im Text

Wenn in einem Buch steht, dass weiter oben oder unten etwas gesagt wurde oder werden wird, dann kann das Leser in Rage bringen. Soll man etwa den Text von der ersten bis zur letzten Seite lesen? Die eigene Lesemethode über Bord werfen, nur weil dieser Autor unbrauchbare interne Zeiger setzt?

Interne Zeiger sind *Textreferenzen, sie* verknüpfen. *Sie* im voranstehenden Satz verknüpft mit *Textreferenzen*. Die Distanz zwischen beiden Elementen ist so gering, dass man sie **auf einen Blick** erfassen kann. In einfacher Sprache sind solche Verknüpfungen willkommen, sie sind kurz und überschaubar.

Anderes bereitet oft Autor oder Redaktion Schwierigkeiten beim Wechsel vom Druck zur Elektronik. Mit helfenden Seitenzahlen, verfasst für Druck oder PDF, kommt man im Hypertext nicht weiter; er ist in miteinander verbundenen Schnipseln – Topics – angelegt, kennt keine Seiten und keine Seitenzahl. Wenn die Software keine Unterstützung bietet, droht die aufwendige Nacharbeit von Hand.

Epub, eine elektronische Version, ist nur als **festes Format** unproblematisch, weil darin die Seitenfolge und -nummerierung erhalten bleibt. Weitere Informationen in Baumert (2018: 6.2.4, 2017: 3.8) und Baumert, Verhein-Jarren (2016: 4.7).

4.2 Bedeutungswörter

Die zweite Gruppe sind die Bedeutungswörter – auch **Inhaltswörter** oder **Autosemantika.** Sie und ihre Verwendungsweise erklärt ein Lexikon, sie referieren auf Begriffe: *Menschen, Venus* und *leben* sind solche Bedeutungswörter. Von ihnen gibt es Hunderttausende oder mit Fachwörtern mehr als eine Million, die genaue Anzahl ist unbekannt.

In der Alltagssprache kommt man mit ihnen meist gut zurecht, auch wenn ein Wort unterschiedliche Bedeutungen hat. *Schloss* im Gewehr, in der Tür oder als Gebäude ist ein häufig genutztes Beispiel: *Schloss* ist ein Homonym. Dass zwei

Wörter die gleiche Bedeutung haben, ist selten: Synonym; die meisten Synonyme unterscheiden sich in einigen Details.

Technik und Wissenschaft müssen diese Eigenheit in den Griff bekommen, sie verwenden für sie eindeutige Fachwörter: Termini.

Viele Bedeutungswörter der Alltagssprache sind im Gebrauch unproblematisch, zum Beispiel *leben.* Sie entwickeln erst dann Zündstoff, wenn ein Text kritische Bereiche berührt, etwa bei der Frage, ob oder unter welchen Bedingungen Viren leben: Biologie. Wann beginnt *leben,* wann endet es: Philosophie, Rechtswesen, Biologie, Medizin.

Das bekannte Wort zeigt sich nun fremd; wir kommen nicht weiter, ohne eine Bestimmung des **Begriffs.** Welches Konzept, welchen Begriff **benennen** wir mit der Zeichenfolge *l|e|b|e|n* in einem gegebenen Zusammenhang. Beide, Benennung und Begriff, stehen in Verbindung zu einem **Gegenstand** oder Sachverhalt: dem sonderbaren Phänomen des Lebens.

Die Beziehung zwischen Benennung und Gegenstand ist über den Begriff gegeben, die gestrichelte Linie (siehe Abb. 4.1) deutet es an. Dieses Dreieck, semiotisch oder semantisch genannt, visualisiert die Beziehung.

Die Dreiteilung ist unstrittig, sie ist Grundlage der Terminologiepflege und sichtbar in Terminologiedatenbanken. Mit ihrer Hilfe lassen sich Texte eindeutig gestalten und bei mehrsprachigen Benennungen auch Kosten sparend übersetzen (mehr unter dttev.org). Einige Empfehlungen bauen darauf:

Eindeutigkeit
Denken Sie bei wichtigen Bedeutungswörtern an das semiotische Dreieck, machen Sie es dem Arbeitsgedächtnis so leicht wie möglich:

Abb. 4.1 Semiotisches Dreieck (DIN 2330: 6)

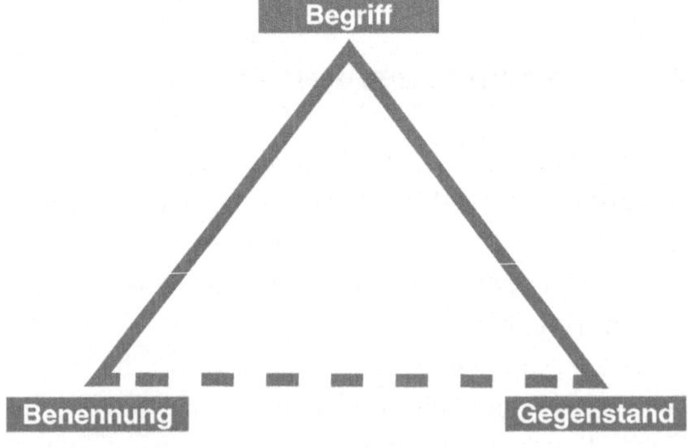

- **Kennt** der Leser Begriff und Gegenstand, oder muss ich zusätzliche Erläuterungen oder Verweise darauf einfügen?
- Ist immer das **gleiche Wort** für den gleichen Zusammenhang genutzt?
- Sind Wörter, Zahlen und Abkürzungen **einheitlich geschrieben?**
- Findet der Leser auf Anhieb die **Abkürzung erklärt?**
- Wo hilft vielleicht eine **Definition?**
- Gibt es ein **kürzeres Wort,** das in diesem Zusammenhang die gleiche Aufgabe löst, dafür aber schneller verarbeitet werden kann?
- Wird ein anderes Wort mit vergleichbarer Leistung häufiger genutzt, ist es **aktueller?** Dabei hilft die Internetadresse www.dwds.de.
- Nutzt der Text **Wortzusammensetzungen** – Komposita – aus mehr als drei Elementen? Kann man das auflösen und anders sagen?

Konkret statt abstrakt

Das konkrete Wort hat bessere Chancen, den Erfahrungsspeicher zu Hilfe zu rufen, das episodische Gedächtnis. Es kann Erinnerungen und **alle Sinne** aktivieren, abstrakten Wörtern gelingt das selten. *Schrei, Stöhnen* und *Jammer* gewinnen über *Missfallensäußerung.*

Plastik und andere Seuchen

- Wissenschaft oder Plappertext?
  Was einst wissenschaftlicher Sprachgebrauch war, kehrt manchmal als Karikatur zurück. Phrasendreschmaschinen liefern den inhaltsfreien Partyscherz: Der *strukturelle Kommunikationsfaktor* oder die *kommunikative Faktorenstruktur* lassen Herzen spracharmer Textproduzenten höher schlagen. Uwe Pörksen hat diese Tendenz schon vor dreißig Jahren beschrieben, es sind **Plastikwörter.** *Struktur, Faktor* und *Kommunikation* sind aber reale Termini in fachexternen Texten, die wegen ständigen Missbrauchs gut dosiert genutzt werden müssen.
- Latein, Griechisch, Französisch und Englisch übersetzt?
  Alte und neue westliche Wissenschaftssprachen: Wer ihre Wörter nutzt, vergisst schnell, dass viele Leser damit wenig anfangen können und diese Ausleihen falsch oder gar nicht verstehen, ihr Arbeitsgedächtnis sucht vergeblich im Langzeitspeicher oder reicht Fehler weiter.
  Wenn man nur Fachwörter verwendet und sie **erklärt,** kann nichts schiefgehen. Dass Wissenschaftler und Techniker mit dem Englischen kein Problem haben, ist übrigens ein gern gepflegter Irrglaube.

- Mode und Jargon im Text?
  Der Prüfstand hat es schwer. Derzeit wird ständig etwas auf ihn gesetzt, gestellt oder gelegt. Eigentlich meint man *prüfen.* Das ist aber nicht in **Mode.** Doch man sollte nicht auf sie achten, denn sie kann schon kurz nach Erscheinen dieses *essentials* von gestern sein.
  Manche Experten schätzen ihren **Jargon,** er ist eine Gruppensprache. Vermutlich bleibt keine Disziplin davon verschont. Oft sind es Anleihen an tatsächliche Fachsprachen oder saloppe Redewendungen: *User, busy, Storytelling, body, performance, …*

Adjektive
Häufig Schmuck, der Platz kostet und wenig aussagt. Einige sind unverzichtbar – *der rote Knopf* –, andere unterstützen das Verstehen – *konkretes Wort* –, viele verursachen Missverständnisse – *der rechte Rand* –, andere sind nutzlos – *hoher Berg.* Verwenden Sie Adjektive nur, wenn diese im Verstehensapparat des Lesers sehr wahrscheinlich das auslösen, was Sie im gegebenen Zusammenhang beabsichtigen.

Nominalisierung ist selbst eine
Jedes Wort kann man in ein Substantiv, ein Nomen, verwandeln. Mit Scherz oder Einfalt kann einer getrost über das *Diesmal* nachdenken und sich fragen, ob es nicht im *Manchmal* enthalten ist. Oder ist es umgekehrt?

In den von Wissenschaftlern und Technikern geschriebenen Texten wird oft das **Verb** zu einem Nomen. Wenn aus *gestalten* dann *die Gestaltung* wird, braucht man ein entleertes Verb als Ersatz: *geschehen, passieren, sich ereignen, …*

Als ob ein Ereignis grundlos zu geschehen scheint, treten handelnde Menschen und Prozesse in den Hintergrund. Das muss nicht schwerer zu verstehen sein, es kann sich aber als Stolperfalle herausstellen.

Mit aktiven Verben gestalten Sie attraktive Texte – nicht: *Die Gestaltung attraktiver Texte geschieht durch aktive Verben.*

Nominalisierung ist übrigens selbst eine, man erkennt es an der Endung -*ung*. Möglich wären auch -*er,* -*wesen …* Sprachwissenschaftler nennen diese Art der Wortbildung *Derivation.* Eine vergleichbare ist es, das Ausgangswort einfach unverändert als Substativ zu nutzen: *diesmal* als *das Diesmal, nominalisieren* als *das Nominalisieren,* sprachwissenschaftlich eine *Konversion.*

Das Nominalisieren hat Auswirkungen auf den **Satzbau.** Das nächste Kapitel zeigt, dass die Trennung zwischen Wort und Satz in einigen Fragen einer Notlösung gleicht.

Schlanke Sätze 5

5.1 Verstehen mit Aufwand

Die Überschrift einer Boulevard-Zeitung jubelt: *Polizei fasst Mörder mit Phantombild*. Ein anderes Blatt berichtet: *Polizei fasst Mörder mit Machete*. Um beides richtig zu verstehen, muss schon bei der **Satzanalyse** das im Langzeitgedächtnis gespeicherte Wissen genutzt werden. Jeder Eintrag in das Arbeitsgedächtnis verdichtet die **Annahme** darüber, wie es weitergehen wird.

Erst das letzte Substantiv klärt in den Beispielen das Rätsel. Leser **wissen,** dass die Polizei auf der Jagd nach Tätern zusammengesetzte Bilder verwendet. … *mit Phantombild* muss eine Ergänzung des Verbs *fassen* sein, eine *adverbiale Bestimmung.* Auch bei der zweiten Überschrift hilft das Langzeitgedächtnis. … *mit Machete* wird mit großer Wahrscheinlichkeit nicht das Verb *fassen* ergänzen, es bezieht sich auf *Mörder,* ist ein *Attribut.*

Grundlage ist so etwas wie die Satzgliedanalyse. Dabei bleibt es aber nicht. Alle Bedeutungswörter müssen mit dem mentalen Lexikon und einer Art erweitertem semiotischen Dreieck abgeglichen werden. Es rückt eine für **Situationen** typische Verwendung in den Vordergrund. Zwar ist die Machete als Mordwaffe besonders geeignet, der Täter hätte aber auch anderes verwenden können: irgendein Werkzeug, stumpfe Haushaltsgegenstände, Handtuch, Küchenmesser, …

Arten des Wissens – Sprache, Welt, Erfahrung – werden beim Lesen blitzschnell miteinander kombiniert, um einen Satz zu verstehen. In den beiden Beispielen ist das leicht möglich, sogar für Leser, die Krimis und die Berichte der Polizeireporter verabscheuen. Andere Genres jedoch lassen sie in Verständnisfallen stolpern. Einfach ist diejenige Sprache, die nur wenige dieser Fallen – am besten keine – in Sätzen errichtet.

A. Baumert, *Mit einfacher Sprache Wissenschaft kommunizieren,* essentials,
https://doi.org/10.1007/978-3-658-25009-6_5

Einige wollen wir anschauen. Es sind neben Anhäufungen komplizierter Wörter vor allem Konstruktionen, die den Satzbau beeinflussen. Sie haben sich in den wissenschaftlich-technischen Sprachgebrauch eingenistet, obgleich sie selten zu etwas nutze sind.

5.2 Bremsklötze entfernen

Verben im Satz
Viele Sätze brauchen diese Zentrale, um etwas auszusagen, anzuordnen, zu beschreiben …

Viele, doch nicht alle. Der voranstehende Satz enthält kein Verb, Boulevard-Zeitungen formulieren oft so. Typisch ist es aber, ein Verb zu setzen.

Dabei zeigt sich dieses manchmal als Verständnisbremse; wenn man die drei Punkte in den folgenden Beispielen durch viele Wörter oder sogar Sätze ersetzt, dann schreibt man am Leser vorbei. Tückisch sind:

- Abtrennbare **Vorsilben:** *lässt … nach,* – nachlassen –
- **Verbteile:** *geht … verloren,* – verlorengehen –
- **Verbindungen** von Modalverb und Vollverb: *muss … trocknen,*
- Trennungen durch die **Konjugation:** *wird … scheitern.*

Schnell verarbeiten lässt sich nur, was das Auge als **zusammengehörig** erfassen kann. Einfach sind damit fachexterne Texte, in denen diese Abstände gering sind, und der Leser das Verbundene sofort erkennt.

Funktionsverbgefüge
Diese Konstruktionen treten auch in vielen anderen europäischen Sprachen auf. Zum Teil sind sie behäbig und dröge, sie klingen nach der Sprache menschenferner Bürokratie. Man bildet sie entweder aus einer Nominalgruppe im Akkusativ und einem bedeutungsarmen Verb: *Platz nehmen* statt *sich setzen.*

Oder sie bestehen aus einer Präpositionalgruppe, dem Substantiv und dem faden Verb: *zur Sprache bringen* statt *sagen, anklagen, ansprechen* und dergleichen. Kurz gesagt: Funktionsverbgefüge sind oft eine hässliche Komplikation einfacher Verben. Die leeren Funktionsverben in den Beispielen sind *nehmen* und *bringen.* Sie sind leer, weil man weder etwas nimmt noch anderes bringt. Nur in dieser Funktion taugen sie.

Sie sind oft ersetzbar, aber eben nicht immer. Auf einige kann man nicht verzichten, weil kein einfaches Verb sie ersetzen könnte, zum Beispiel *in Ordnung halten.* Andere drücken feine Unterschiede der Bedeutung aus, die nötig und gewollt sind. Wenn der Verlag dieses *essential in Druck gibt,* dann *druckt* er es nicht. Er gibt es außer Haus, und eine Druckerei kümmert sich darum.

Schnell quetscht sich so eine Konstruktion in den Text, bei einem öfter, anderen passiert es seltener. Sie müssen folglich entscheiden, ob ein Funktionsverbgefüge, das Ihnen bei der Korrektur auffällt, wirklich nötig ist. Wenn nicht, ersetzen Sie es durch das aktive Verb, entgraten den Satz und schaffen eine einfache Äußerung.

Passiv mit Varianten
Sie sind allgegenwärtig: Formen des Passivs und seiner Varianten. die oft kaum zu erkennen sind. Einige findet man so oft, dass sie sich ertragen lassen. Der letzte Nebensatz ist eine solche Variante; *dass sie sich ertragen* lassen heißt, *dass sie ertragen werden oder werden können:* das Lassen-Passiv. (Baumert, Verhein-Jarren 2016: 67–70)

Bekannter als diese Varianten ist das **Zustandspassiv:** *Der Kongress ist eröffnet.* Zwar ist er eröffnet worden, das interessiert aber im Beispiel nicht, das Hilfsverb *worden* wäre überflüssig. *Die Befragung ist durchgeführt, die Ergebnisse sind ausgewertet und veröffentlicht.* Alles im Passiv und völlig harmlos.

Kritisch ist jenes Passiv, das der Leser sofort sieht, besser: *vom Leser sofort gesehen wird,* das **Vorgangspassiv.** Es enthält mehr Wörter – *vom, wird* – und das Partizip² eines Verbs statt aktivem Geschehen. In Wissenschaft und Technik schätzt man Passivsätze, wenn handelnde Subjekte in einem Satz nicht nötig sind. Diese Ausdrucksform ist deswegen in der **fachinternen** Kommunikation angemessen.

Fachextern empfinden viele Leser das Vorgangspassiv als langweilig und etwas komplizierter zu verstehen. Deswegen ist es auch in einigen Redaktionen und Werbeagenturen verboten. Außerdem lädt es geradezu ein, Akteure und Verantwortliche zu verschweigen: *Die Beiträge werden zum 1. Januar erhöht.*

Trotz aller Unbeliebtheit kann auch das Vorgangspassiv angemessen sein, ein Beispiel: *In welchem Umfang dies geschieht, hängt davon ab, wie häufig und wie stark die synaptischen Verbindungen aktiviert werden* … Da handelt niemand, trotzdem ereignet sich etwas, das Auswirkungen zeigt. Würde man diesen Nebensatz in das Aktiv umwandeln, entstünde ein anderer Inhalt. Die Autoren haben bewusst und zurecht das Vorgangspassiv gewählt.

Wenn Sie in Ihrem Text ein Vorgangspassiv finden, das Sie leicht und ohne Informationsveränderung in einen aktivischen Satz umschreiben können, dann tun Sie es. Ist dieses Passiv aber am rechten Platz, wird es auch eine einfache Sprache in der Wissenschaft gut vertragen.

Satzlänge

Ab einer bestimmten Wortmenge im Satz fordern Sie vom Arbeitsgedächtnis des Lesers mehr, als es bewältigen mag. Frustration, Fehlinterpretationen oder Unverständnis folgen. Der Text droht zu scheitern. An dieser Konsequenz gibt es keinen vernünftigen Zweifel. Wie lang also darf ein Satz sein?

Empirische Daten müssten an unterschiedlichen Zielgruppen erhoben werden. Aus einigen Bereichen liegen interpretierte Daten vor, zum Beispiel über Schüler in Jahrgangsgruppen. Eher allgemeine Untersuchungen fehlen noch; von ihnen könnten Sie als Autorin oder Autor einen Nutzen ziehen. Weil man aber zu viele Faktoren berücksichtigen muss, sind die für Sie nutzbringenden Forschungsergebnisse zumindest in nächster Zeit nicht zu erwarten.

Aus den mir bekannten Empfehlungen und über 25 Jahren Erfahrung in Industrie und dem Umfeld der Technikredaktion ergibt sich eine **durchschnittliche** Satzlänge zwischen 15 und 20 Wörtern als passendes Maß. Je geringer die Lesekompetenz legitimer Leser ist, desto kürzer wird auch die angemessene Satzlänge sein, manchmal 12 bis 15. Diese Empfehlung ist nicht wissenschaftlich begründet, sie scheint mir dennoch gerechtfertigt. Die wissenschaftliche Argumentation muss sich darauf beschränken, dass jedes Wort den Aufwand der zentralen Exekutive erhöht. In empirisch belegbaren Zahlen können wir sie vorerst nicht fassen.

Satzbau

Je typischer ein Satz konstruiert ist, desto mehr entspricht er der Lesererwartung. Sie drückt sich in der Funktionsweise des Arbeitsgedächtnisses aus. Wenn das erste Wort ein Fragepronomen ist – *wieso, wer, wo, …* –, dann wird das zweite vermutlich das Prädikat oder ein Teil dessen sein. Zwingend ist es nicht, wahrscheinlich schon.

Warum wahrscheinlich? Der voranstehende Satz enthält zwar weder Nomen oder Pronomen noch Verb, schleppt aber beides als Leerstelle mit: *Warum ist das wahrscheinlich?* Der Leser muss diese Leerstelle füllen.

Satzbau und Satzlänge verlangen auch, dass Autoren den Aspekt der **Aufmerksamkeit** nicht aus den Augen verlieren. Vieles spricht dafür, dass Aussagesätze in der Subjekt-Prädikat-Objekt-Form besonders verständlich sind, wenn sie etwa zwischen 15 und 20 Wörter enthalten. Zuviel des Guten schafft aber Monotonie, die dem Wunsch nach Aufmerksamkeit widerspricht. Also häufiger wechseln! Fragen, Aufforderungen, Aussagen, kurze und längere Sätze verwenden. Das **Gesamtbild** muss stimmig sein, der einzelne Satz verliert dabei an Bedeutung.

Satzverbindungen und Schachteln

Wir schreiben nicht nur in Hauptsätzen, sondern ergänzen und modifizieren diese mit Nebensätzen. Das kann auch Ihre Zielgruppe gut und problemlos verarbeiten. Im Unterschied zur einfachen Sprache für jedermann (Baumert 2018: 146–147) sollte sie auch mit Nebensätzen 2. Ordnung zurecht kommen.

Nebensätze 3. und folgender Ordnung (siehe Abb. 5.1) werden jedes Arbeitsgedächtnis vermutlich überfordern, wenn der Inhalt etwas anspruchsvoller als in Abb. 5.1 ist. Solche Sätze wären außerdem eine stilistische Entgleisung.

Wenn Sätze nicht ineinander gestapelt werden, vermeidet man Schachtelsätze, die schwerer zu verarbeiten sind. Abb. 5.1 verändert: … *indem wir ihnen Nebensätze, die das Gebilde ergänzen oder verändern, anfügen* … In diesem Beispiel entsteht hinter *ihnen Nebensätze* wieder eine hässliche Leerstelle oder Brücke, die vom lesenden Hirn verwaltet werden muss.

Eine Handlung, eine Aussage pro Satz

Die Standardforderung jeder Einführung in einfache Sprache sagt, dass nicht mehr als eine Handlung oder Aussage im Satz zulässig sei. Das ist in zwei Fällen **immer** angemessen:

1. Der Text ist auch an Leser mit geringer Lesekompetenz adressiert.
2. Der Satz gehört in eine anleitende Satzfolge.

Für einen fachexternen wissenschaftlichen oder technischen Text allgemeiner Art gibt diese Empfehlung nur eine Tendenz an, Autoren müssen ihr nicht immer folgen. Wir schreiben über komplexe Sachverhalte, die sich auch in Satzinhalt und -struktur ausdrücken dürfen. Folgt man dieser Empfehlung ab und an nicht, kann der Text dennoch einfache Sprache für die gewählte **Zielgruppe** sein.

Propositionen

Die einfache logische Aussage oder den kurzen Aussagesatz wollen wir als *Proposition* bezeichnen. Wahrscheinlich verarbeitet das Hirn die Proposition am

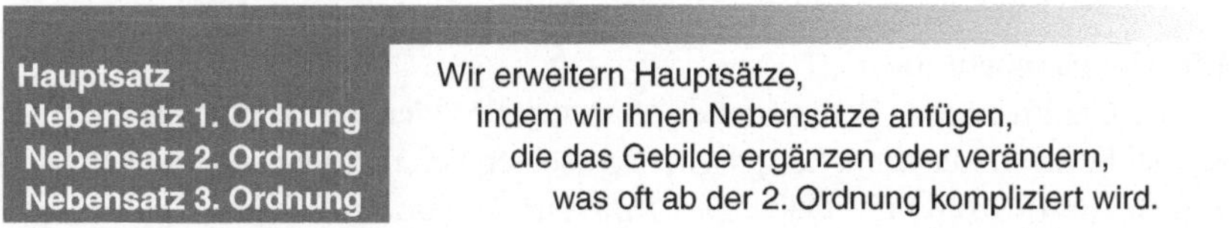

Hauptsatz	Wir erweitern Hauptsätze,
Nebensatz 1. Ordnung	indem wir ihnen Nebensätze anfügen,
Nebensatz 2. Ordnung	die das Gebilde ergänzen oder verändern,
Nebensatz 3. Ordnung	was oft ab der 2. Ordnung kompliziert wird.

Abb. 5.1 Ordnung der Nebensätze

schnellsten, womöglich zerlegt das Arbeitsgedächtnis die meisten oder sogar alle Sätze in eine Struktur aus Propositionen (Baumert 2016: 63–66, 2018: 143–144).

Verarbeiten(Hirn, Aussagen) oder: *Das Hirn verarbeitet Aussagen.* Dieser Satz und sein propositionaler Kern ist richtig oder falsch, er passiert besonders schnell alle Verarbeitungsstufen. Das begründet die Empfehlung, wenigstens das Wichtige in eine übersichtliche Struktur aus Propositionen zu fassen. Komplexe Sätze finden Sie als Beispiel in meinem kostenlosen Internet-Dokument (Baumert 2016: 64–65).

Parallele Strukturen und Aufzählungen

Schreibtechniken, die den Text auflockern und den Aufwand des Arbeitsgedächtnisses verringern können:

- Die parallele Struktur ist die gleiche Konstruktion kurzer, aufeinander folgender Sätze. Sie wird auch als Instrument der Rhetorik gesehen:
  Gleich gebaut,
  einfach strukturiert,
  schnell verstanden.
- Aufzählung mit Symbolen (◊), Punkten (•) oder Gedankenstrichen (–)
  Dieser Abschnitt ist eine Aufzählung, beginnend mit der parallelen Struktur, fortgesetzt mit den beiden Aufzählungstypen. Die Reihenfolge ist beliebig, sie zeigt eine allgemeine Zusammengehörigkeit, manchmal nur die Vergleichbarkeit.
- Aufzählung mit Ziffern
  Diese Methode informiert über eine feste Reihenfolge, eine Struktur, eine Handlungsfolge.
  Sicherheitsregeln für Arbeiten an elektrischen Anlagen:
  1. Freischalten
  2. Gegen Wiedereinschalten sichern
  3. … bis 5.

  Die Liste der Bundesländer nach Einwohnerzahl:
  1. Nordrhein-Westfalen
  2. Bayern
  3. … bis 16.

Die Menge macht das Gift

Ob es Genitive sind, Präpositionen, Substantive oder Partizipien: Bei Häufungen stößt der Leser schneller an Grenzen seiner Verarbeitungsmöglichkeiten, als manch Autor befürchtet. Oder: *Der Häufung der Ausdrucksmittel einer Sprachgemeinschaft gleichen Kommunikationsniveaus ist schnell genug getan.*

6 Weiter gedacht

Im Internet finden Sie viele Vorschläge, was *einfache Sprache* sei. Wer sich erstmals damit beschäftigt, verliert schnell die Orientierung. Dieses letzte Kapitel des *essentials* enthält deswegen einige Überlegungen, die Ihnen auch als Werkzeug zur Bewertung dieser Ansätze dienen.

Beginnen wir mit einer Einschränkung: **Die** einfache Sprache gibt es nicht. Es kann sie nicht geben, weil einfache Sprache sich **immer** am Leser orientieren muss, und Leser sehr unterschiedlich mit Text umgehen. Wenn man einem Leser etwas mitteilen will, was dieser dann nicht versteht, war die Mitteilung für diesen Leser jedenfalls nicht einfach genug formuliert.

Schachtelsätze mit für wenige verständlichen Fachwörtern sind **niemals** einfach zu lesen, sie sind im **Kern** (siehe Abb. 6.1) jeder einfachen Sprache verworfen. Außer diesen Kern darf man aber einen variablen Teil annehmen. Er enthält Empfehlungen, die Autoren für einige Leser helfen. Für andere sind sie falsch.

Beispielsweise lesen sie in diesem *essential,* dass Sie einen Nebensatz 2. Ordnung Ihrer Klientel zumuten können. Sie müssten nur alles so formulieren, dass man es **auf einen Blick** erfasst, dann kann Ihre Sprache immer noch einfach sein. Für den Text einer Behörde oder Krankenkasse, die Bedienungsanleitung einer Kaffeemaschine könnte ich das nicht empfehlen. Zu viele legitime Leser solcher Texte sind es nicht gewohnt, diese Konstruktionen zu entschlüsseln: Das Arbeitsgedächtnis schafft es nicht.

Wenn Sie eine wissenschaftliche Erkenntnis für **jedermann** verständlich formulieren wollen, gelten andere Empfehlungen als in einem Projektteam, dessen Mitglieder wissenschaftlich oder technisch ausgebildet sind. Vorausgesetzt ist, dass Ihre Leser das Deutsche als Muttersprache beherrschen oder als Fremdsprachler ein hohes Niveau in der Kenntnis unserer Sprache erreicht haben.

A. Baumert, *Mit einfacher Sprache Wissenschaft kommunizieren,* essentials,
https://doi.org/10.1007/978-3-658-25009-6_6

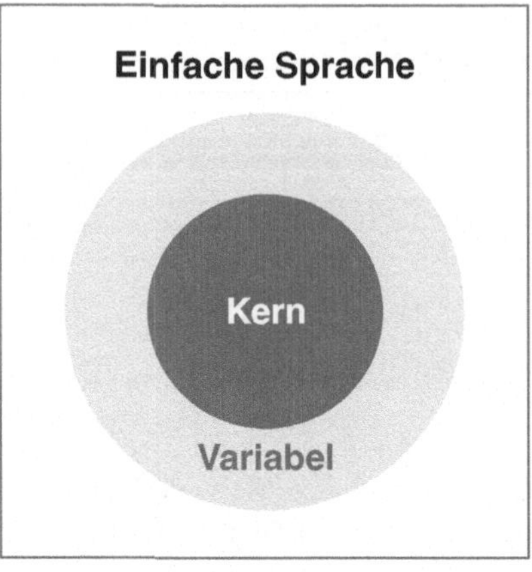

Abb. 6.1 Einfache Sprache: Kern und variabler Anteil

6.1 Häufige Irrtümer

Einfache Sprache und Leichte Sprache sind ähnliche Konzepte
Nein, das ist nicht der Fall. **Einfache Sprache** darf verständliches Deutsch auf hohem stilistischen Niveau sein. Dieses Niveau wird bestimmt durch die Lesekompetenz derjenigen Muttersprachler, für die der Text geschrieben ist. Wenn Nicht-Muttersprachler dieses Niveau ebenfalls erreichen, ist das im Interesse der deutschen Sprachgemeinschaft, es ist aber nicht Ziel einer hier und in anderen Texten des Autors beschriebenen einfachen Sprache.

Sogar einige Muttersprachler und legitimen Leser werden dieses *essential* über und in einfacher Sprache als kompliziert empfinden. Gemeint sind jene Techniker, Wissenschaftler oder Studenten, die selbst noch an ihrer Lesekompetenz arbeiten müssen, bevor sie erfolgreiche Autoren fachexterner Texte werden.

Leichte Sprache soll Lesern nutzen, deren kognitiver Verstehensapparat sich von der Leistungsfähigkeit angenommener Durchschnittsleser deutlich unterscheidet. Ursachen sind genetischer Art, Krankheiten, Vergiftungen und Gewalteinwirkungen. Auch diese Leser müssen in Informations- und Entscheidungsprozesse eingebunden werden – Inklusion –, die dafür nötige sprachliche Form muss sich aber von jener unterscheiden, die für Leser ohne neuronale Beeinträchtigungen gewählt wird.

Einfache Sprache entsteht in einem Diskurs von Experten, Leichte Sprache wurde von einer Arbeitsgruppe entwickelt. Deswegen ist es auch sinnvoll, sie wie ein Produkt zu behandeln und das L großzuschreiben.

Die Leichte Sprache ist gegenwärtig trotz ihrer Unvollkommenheit das einzige Instrument, um die genannte Klientel mit Text zu versorgen. Dieses Thema verlangt für die Zukunft intensive wissenschaftliche Aufarbeitung, dazu mehr in Baumert (2016, 2018[b]).

Rhetorik

Nie rhetorische Finten und Figuren, bloß keine Metaphern verwenden, rät manche Einführung in einfache Sprache. Solcher Rat verkennt die umgangssprachliche Praxis, den Witz, die Kniffe der Boulevard-Blätter, kurz: das dem Leser Bekannte. Ein Meer aus Blaulichtern, das Leder im Tor, Spargeltarzan, Blümchenkaffee und Basta-Kanzler – unsere Alltagssprache ist voller Bilder und Bedeutungsübertragungen, Ironie, Bewertungen, Vergleichen und Übertreibungen.

Seit ungefähr 2500 Jahren befasst man sich mit Rhetorik, es hat vor allem einen Grund: Satzfiguren und Wörter **wirken,** die Zielgruppe versteht sie also. Weder Aristoteles noch Cicero oder Quintilian – die alten Großmeister – haben Sprachmittel empfohlen, die Zuhörer nicht verstehen konnten. Im Gegenteil!

Einige Sprachkniffe sind seit den Anfängen zur täglichen Praxis hinzugekommen, meist mit der Absicht, Gegner auszuhebeln oder Hörer auf die eigene Seite zu ziehen. Nicht alle Neuerungen hatten oder haben längere Zeit bestanden. Anderes, zum Beispiel die Metapher, bildet nach wie vor unser Lexikon. Beispiele sind die Maus am Computer, das Ferkel und sein Benehmen oder die Schlange vor dem Schalter.

Wenn Autoren auf Neuschöpfungen verzichten, die flache Sprache einiger Politiker, Fernsehmoderatoren und Werbetexter meiden, können sie mit rhetorischen Mitteln jeden Text würzen.

Den **Stil** eines geschriebenen Textes darf man mit einigen Einschränkungen als Fortschreibung der Rhetorik für das Schreiben auffassen. Beides ist nicht gleich, doch geschwisterlich verwandt.

Einfache Sprache, Rhetorik und Stil zeigen Ihr **Sprachgefühl** als Autorin oder Autor eines Textes. Wie sollte es anders sein?

Schreibweisen

Gegen den Rat anderer: Die Ihnen vertraute Rechtschreibung und Zeichensetzung stellt Ihre Zielgruppe vor keine Schwierigkeiten. Alle Satzzeichen des Deutschen sind auch in einfacher Sprache willkommen. Nur den Gebrauch von Zahlen empfehle ich zu vereinfachen. Für Wissenschaftler und Techniker ist es wohl kein Problem, die Zahl in Ziffern zu schreiben, wenn es überschaubar bleibt.

Manchem mag ungewöhnlich erscheinen, dass ich oft auch für 1 bis 12 keine Wörter nutze. Die alte Regel, man möge Ziffern erst ab 13 verwenden, kommt aus dem Schriftsatz. Sie ist überflüssig; wer kein Blei verwendet, kann folglich auf sie verzichten.

Alles passt in einfache Sprache
Dieser Irrtum bleibt ein Irrtum, auch wenn er sympathisch ist.

Präsidenten und andere Offizielle, Menschen im Rampenlicht können vieles einfach ausdrücken, doch nicht alles: Ihre Formulierungen sind vielleicht politisch oder juristisch geboten. Einfache Sprache wirkt auf dieser Ebene nur gegen Wichtigtuerei und gelehrtes Geschwurbel, nicht gegen fachlich Nötiges.

Auch das sprachlich Schöne kann man oft, aber nicht immer, in das sprachlich Einfache übersetzen. Vom Comic bis zur Kurzfassung ist Literatur in einfacher Sprache verfügbar. Informationsverluste und sprachliche Einbußen sind bei solchen Umarbeitungen selbstverständlich. Wen wundert es, dass Geschriebenes nach seiner Veränderung nicht mehr dasselbe ist? Umgeschriebene Literatur erhält – hoffentlich – den Handlungsstrang und schafft auf diese Art Zugänge für Menschen mit geringer Lesekompetenz und Fremdsprachler. Das Ziel kann sein, dass diese Leser sich ab und zu eine Langfassung vornehmen.

Wir müssen aber die Existenz von **Stilebenen** anerkennen. Nur die rein sachliche Stilebene verlangt nach einfacher Sprache, wenn ein Text nicht der fachinternen Kommunikation angehört. Andere Stilebenen **versperren** diesen Zugang.

Einige Philosophen, Wissenschaftstheoretiker und Wissenschaftler sind davon überzeugt, dass man ihre Theorien nicht einfach ausdrücken könne. Darüber steht mir ein allgemeines Urteil nicht zu, jedenfalls nicht in diesem *essential.*

6.2 Warum so und nicht anders?

Da es **die** einfache Sprache nicht gibt, werden meine Überlegungen nicht nur akzeptiert; manche Leser, vielleicht auch viele, werden sie verändern oder ablehnen. Nicht weniger ist beabsichtigt. Bis sich im englischsprachigen Raum das vergleichbare **Plain English** durchsetzen konnte, vergingen Jahrzehnte. Heute funktioniert es, und man streitet noch immer darüber, was es eigentlich sei. Das empfinde ich als großartigen Zustand, wissenschaftlicher und demokratischer Auseinandersetzung angemessen.

Alles beginnen einige mit der Behauptung, einfache Sprache müsse so oder so aussehen. Woher wissen sie das? Welche wissenschaftlichen Belege begründen Ihre Annahme? Diese Fragen stellen Internet-Experten einfacher Sprache vor Probleme.

Dieses *essential* geht von der Rolle des **Arbeitsgedächtnisses** beim Lesen und Verstehen aus. Die Überlegungen beruhen auf **Modellen** und sind empirisch bislang weder bestätigt noch verworfen; damit sind sie als Grundlage der Forschung empfohlen, sind nicht als deren Ergebnis vorgestellt. Eine Literaturrecherche lässt sie als starke Hypothese interpretieren. Das ist immerhin schon eine brauchbare Arbeitsgrundlage, die sich von der bloß gutgemeinten Rezeptsammlung für einfache Sprache deutlich abhebt.

Empfehlung und Regel

Regeln verkündet, wer die Autorität dazu hat. Nur auf diesem Weg können meine Empfehlungen zu Regeln werden. Jeder Vorschlag zur einfachen Sprache ist auch ein Appell an Sprachmächtige in Redaktionen, Verlagen, Unternehmen, Behörden und Organisationen: Erlassen Sie Sprachregeln im Sinne einfacher Sprache. Nach einer Zeit des Übergangs entstehen in Ihrem Namen Texte, die Leser verstehen.

A1 bis B1

Bücher oder andere Lehrmittel für den Deutschunterricht sollten in einfacher Sprache geschrieben sein, auf dem Sprachwissen einer Klasse und einer Schulform aufbauend, Bekanntes festigen und Neues einführen. Diesem Wunsch werden nur wenige widersprechen.

Die Idee, dass ausgewähltes Material dieses Typs **die** einfache Sprache des Deutschen sei, sucht hoffentlich niemanden heim. Dieses *essential* behauptet sogar, dass einfache Sprache sich immer am Leser orientieren müsse, also bei Schulbüchern wenigstens an Jahrgangsstufen und Schultypen.

Man müsste diesem Thema in unserem Zusammenhang keine Aufmerksamkeit schenken, würde nicht ein seltsamer Ansatz derzeit die Diskussion im Internet beleben. Gemeint ist die Idee, ausgerechnet ein dem Fremdsprachunterricht dienendes Konzept wäre die Grundlage einfacher Sprache.

Gemeint sind die Niveaus A1 bis B1 des Gemeinsamen Europäischen Referenzrahmens für Sprachen (GER): https://www.goethe.de/z/50/commeuro/i0.htm.

Dieser Rahmen des Europarats definiert keine einfache Sprache, sondern er legt für die teilnehmenden Nationen fest, auf welchen Niveaus (A1, A2, B1, B2, C1, C2) Fremdsprachler deren Sprache erlernen können. Damit wurde eine Bewertungsgrundlage für den Sprachunterricht bereit gestellt.

Bei uns ergibt sich daraus eine Messlatte für Migranten, Flüchtlinge und andere Deutschlerner. Sie stützt Forderungen der Bundesagentur für Arbeit hinsichtlich der Vermittelbarkeit ausländischer Arbeitskräfte. Näheres regelt die Verordnung über die berufsbezogene Deutschsprachförderung – https://www.gesetze-im-internet.de/deuf_v/BJNR612500016.html – des Bundesinnenministeriums. Dort heißt es in § 3,3:

> Die Teilnahme an der berufsbezogenen Deutschsprachförderung setzt ausreichende deutsche Sprachkenntnisse entsprechend dem Niveau B 1 des Gemeinsamen Europäischen Referenzrahmens für Sprachen voraus (§ 2 Absatz 11 des Aufenthaltsgesetzes).

Daraus und aus Verordnungen des Bundesamtes für Migration und Flüchtlinge (BaMF) wurde nun von einigen abgeleitet, dass das Niveau B1 **die** einfache Sprache im Deutschen sei. Doch der GER enthält überhaupt keine Aussage zur deutschen Sprache, er bestimmt nur Kurs- und Prüfungsinhalte. Entsprechend sind die von Lehrmittelverlagen und dem Goethe-Institut bereitgestellten Dokumente von unterschiedlicher Sprachqualität.

Die Idee, irgendein GER-Niveau sei die einfache Sprache, wird von der Stilistik und der Sprachwissenschaft nicht ernsthaft diskutiert. Auch in diesem *essential* ist sie irrelevant, es handelt vom Deutsch als einfacher Sprache und nicht vom Deutsch als Fremdsprache.

Flexibilität einfacher Sprache

Die Großen der Rhetorik und Stilistik haben gelehrt, Schwulst und Geschwafel über Bord zu werfen, damit Inhalte das Publikum erreichen. An diesen Punkt sind wir noch immer nicht gelangt. Vielleicht sind wir aber heute in einer besseren Ausgangsposition: Was einer irgendwo im deutschsprachigen Raum schreibt, ist oft in Sekunden überall zu lesen. Manchmal dauert es noch Stunden, Tage oder bei Druckwerken auch Monate. Doch das zählt nichts im Vergleich zu der Zeit, die Öffentlichkeit noch vor einem halben Jahrhundert brauchte, wenn etwas jenseits der medialen Tagesaktualität lag.

Deswegen ist die Hoffnung auf eine großartige Zukunft einfacher Sprache naheliegend. Auch in Wissenschaft und Technik kann jeder sich einfach und verständlich ausdrücken, wenn sein Text die kleine Gemeinde der Eingeweihten in fachinterner Kommunikation verlassen soll, wenn er **fachextern** ist.

Einfache Sprache im Verständnis dieses *essentials* zeigt die Achtung des Lesers durch den Autor. Sie ist

- nie falsches Deutsch,
- stilistisch angemessen,
- der Lesesituation und -umgebung angepasst,
- von der Zielgruppe leicht zu verstehen und
- deswegen wirtschaftlich vernünftig.

Was Sie aus diesem *essential* mitnehmen können

- Sie überblicken, wie Leser einen Text verstehen.
- Sie kennen einige Stolpersteine, die einen Text schwer verständlich machen
- Sie wissen, wie man diese Stolpersteine umgeht
- Sie können bessere fachexterne Texte schreiben
- Sie erkennen auch Grenzen einfacher Sprache

A. Baumert, *Mit einfacher Sprache Wissenschaft kommunizieren,* essentials,
https://doi.org/10.1007/978-3-658-25009-6

Literatur

Baddeley, Alan D. (2012): Working Memory: Theories, Models, and Controversies. In: Annual Review of Psychology 63, S. 1–29.

Baumert, Andreas (2016): Leichte Sprache – Einfache Sprache. Literaturrecherche, Interpretation, Entwicklung. Bibliothek der Hochschule Hannover: Hannover. https://nbn-resolving.org/urn:nbn:de:bsz:960-opus4-6976 [12.12.2018].

Baumert, Andreas (2017): Professionell texten. Grundlagen, Tipps und Techniken. 4., vollst. überarb. Aufl. München: Beck/DTV.

Baumert, Andreas (2018[a]): Einfache Sprache. Verständliche Texte schreiben. Unter Mitarbeit von Annette Verhein-Jarren. Münster: Spaß am Lesen.

Baumert, Andreas (2018[b]): Einfache Sprache und Leichte Sprache. Kurz und bündig. Bibliothek der Hochschule Hannover: Hannover. https://nbn-resolving.org/urn:nbn:de:bsz:960-opus4-12348.

Baumert, Andreas; Verhein-Jarren, Annette (2016): Texten für die Technik. Eine Anleitung für Studium und Praxis. 2. Aufl. Berlin: Springer.

Cowan. Nelson (2007): An Embedded Process Model of Working Memory. In: Miyake, Shah, Models of working memory, S. 62–101.

Cowan, Nelson (2016): Working memory capacity. New York, London: Routledge (Psychology Press and Routledge Classic Editions).

Cowan, Nelson (2017): Working Memory: The Information You Are Now Thinking of. In: John H. Byrne (Hg.): Learning and Memory. 2. Aufl. San Diego: Elsevier Science, S. 147–161. http://memory.psych.missouri.edu/cowan.shtml.

Deutsches Institut für Normung (1988): DIN 31630-1. Registererstellung.Begriffe, Formale Gestaltung von gedruckten Registern. Berlin: Beuth.

Deutsches Institut für Normung (2013): DIN 2330. Begriffe und Benennungen – Allgemeine Grundsätze. Berlin: Beuth.

Ehlich, Konrad (2012): Eine Lingua franca für die Wissenschaft? In: Heinrich Oberreuter, Wilhelm Krull, Hans Joachim Meyer und Konrad Ehlich (Hg.): Deutsch in der Wissenschaft. Ein politischer und wissenschaftlicher Diskurs. München: Olzog, S. 82–100.

Groebner, Valentin (2012): Wissenschaftssprache. Eine Gebrauchsanweisung. Konstanz, Paderborn: University Press; Fink.

Heidler, Maria-Dorothea (2013): Das Arbeitsgedächtnis. Ein Überblick für Sprachtherapeuten, Linguisten und Pädagogen. Bad Honnef: Hippocampus.

A. Baumert, *Mit einfacher Sprache Wissenschaft kommunizieren*, essentials,
https://doi.org/10.1007/978-3-658-25009-6

Hennig, Mathilde; Niemann, Robert (2013): Unpersönliches Schreiben in der Wissenschaft. Eine Bestandsaufnahme. Teil 1. Info DaF (4), S. 439–455.

IDS (2013): DeReWo, v-ww-bll-320000g-2012-12-31-1.0. Mannheim: Institut für Deutsche Sprache. http://www1.ids-mannheim.de/kl/projekte/methoden/derewo.html.

Janich, Nina; Zakharova, Ekaterina (2011): Wissensasymmetrien, Interaktionsrollen und die Frage der „gemeinsamen" Sprache in der interdisziplinären Projektkommunikation. In: Fachsprache (3/4), S. 187–204.

Klein, Wolfgang (2013): Von Reichtum und Armut des deutschen Wortschatzes. In: Peter Eisenberg, Wolfgang Klein und Angelika Storrer (Hg.): Reichtum und Armut der deutschen Sprache. Erster Bericht zur Lage der deutschen Sprache. Berlin: de Gruyter, S. 15–55.

Mittelstraß, Jürgen (2016): Wissenschaftssprache – Ein Plädoyer für Mehrsprachigkeit in der Wissenschaft. Stuttgart: J.B. Metzler.

Miyake, Akira; Shah, Priti (Hg.) (2007): Models of working memory. Mechanisms of active maintenance and executive control. Cambridge: Cambridge University Press.

Schubert, Klaus (2007): Wissen, Sprache, Medium, Arbeit. Ein integratives Modell der ein- und mehrsprachigen Fachkommunikation. Habilitations-Schrift, Technische Universität Chemnitz. Tübingen: Narr (Forum für Fachsprachen-Forschung, 76).

Letzte Prüfung aller angegebenen Internetadressen: 20. November 2018